城市管网地理信息系统的数据模型与数据集成机理研究

Data Modeling and Data Integrated Mechanism on Urban Utilities GIS

牟乃夏　张灵先　邓荣鑫　孙久虎　戴洪磊　著

测绘出版社
·北京·

内容简介

　　本书对城市管网的数据模型和集成机理进行研究。通过分析配电网络、给排水网络、燃气网络等城市管网数据模型存在的问题和城市管网空间数据的共性,提出基于有向节点的管网数据模型。综合调度地理信息系统的核心是多系统集成,鉴于当前数据集成存在的集成度不高、集成层次低、集成理论研究匮乏的现状,兼顾空间数据操作的效率,提出空间数据内存引擎的思想。在有向节点模型和空间数据内存引擎的基础上构建城市管网的综合实时调度地理信息系统,阐述了有向节点模型和空间数据内存引擎的关键技术和实现框架。

图书在版编目(CIP)数据

城市管网地理信息系统的数据模型与数据集成机理研究/牟乃夏等著. —北京:测绘出版社,2018.11
ISBN 978-7-5030-4081-8

Ⅰ.①城… Ⅱ.①牟… Ⅲ.①市政工程—管网—地理信息系统—数据处理—研究 Ⅳ.①TU990.3

中国版本图书馆 CIP 数据核字(2018)第 012036 号

责任编辑	李　莹	执行编辑	王宇瀚	封面设计	李　伟	责任校对	石书贤

出版发行	测绘出版社	电　话	010—83543965(发行部)
地　址	北京市西城区三里河路 50 号		010—68531609(门市部)
邮政编码	100045		010—68531363(编辑部)
电子信箱	smp@sinomaps.com	网　址	www.chinasmp.com
印　刷	北京建筑工业印刷厂	经　销	新华书店
成品规格	169mm×239mm		
印　张	9	字　数	173 千字
版　次	2018 年 11 月第 1 版	印　次	2018 年 11 月第 1 次印刷
印　数	001—800	定　价	45.00 元

书　号　ISBN 978-7-5030-4081-8
本书如有印装质量问题,请与我社门市部联系调换。

前　言

　　城市管网是构建在城市立体空间中错综复杂的物质、能量与信息的三维传输系统,它深入千家万户,和居民生活息息相关,是城市这一复杂系统正常运转的生命线。近几年随着城市范围的急剧扩张、城市人口的飞速增加,城市管网的负荷日趋加重,致使安全事故频发。这对社会秩序、城市功能、资源环境等造成了不同程度的破坏,给人民生活、经济发展和城市正常运转带来了较大影响。供水管道爆裂形成的冲天"喷泉",排水不畅导致的"雨中看海",油气管道爆炸造成的触目惊心的现场,电力线路故障造成的生活混乱与无序,无一不彰显着城市管网的重要性。由此,对城市管网进行科学化、智慧化的管理,确保管网系统的正常运行也就显得尤为重要。

　　近几年来,随着智慧城市概念的推出及其衍生的智慧管网的逐步推进,一大批管网信息系统投入使用,使得管网管理的智能化水平得到大幅度提升。地理信息系统已经成为管网管理、调度、运维等业务化管理的核心平台,在管网管理中起着至关重要的作用。不过,当前的管网地理信息系统大都是基于现有的地理信息平台软件进行二次开发的,分析模型也采用通用的网络模型。尽管借助地理信息平台软件提供的数据管理、数据分析与可视化功能,能够最大限度地保证系统的稳定性、减少系统开发的投入,但是管网系统有其独特的数据特色,虽然我们称之为管网(线),实际上更关注设备,即"点",这些点可能是电力管线的开关、变压器,可能是给排水管线的检查井、水泵房,也可能是燃气管线的阀门、调压器等。这些点才是控制管网系统运转的核心要素。

　　从管理模式上看,管理部门关注的是各种设备而非管线,日常工作的资产管理、报警控制、设备检修、生产运维等也是基于设备展开的。表征管网运行状态的流量、压力、温度等参数的传感器设备也抽象为点。而且城市管网从空间分布形态上看管网几何图形规整,图形节点特征明显,无复杂的线型结构,节点连线即为管网的几何网络。此外,管网调度所基于的逻辑网络也是由节点生成的,可见节点才是管网管理的核心。但是现有的管网信息化系统采用的通用网络模型,是由点、线组成的二元结构,没有体现管网系统的特点和本质。因此,本书提出管网系统的有向节点模型,旨在将管网网络模型的点线二元结构简化为节点表示的一元结构,有向节点模型充分反映了管网管理的本质,简化了数据的加工与维护。

　　同时,实际运行的管网信息系统必定是一个 MIS(管理信息系统)、SCADA(数据采集与监控系统)、GIS(地理信息系统)等多个系统集成的综合系统,因此多系统的数据集成与交换也是管网信息系统的一个核心问题。本书提出空间数据内存引擎的概念,它是构建在计算机内存上的,屏蔽异构异质异地、多格式多系统多空间数据库引擎差别的数据访问层,使得异质数据同质化、异构数据同构化、异地数据本地化,实现了空间数据对数据消费者的均一化和透明化。有向节点模型和空间数据内存引擎概念的提出使管网空间数据的生产、管理、分析和数据集成提高到一个新的高度。

　　尽管当前管网信息系统的建设取得了巨大的成就,但是在管网数据模型等方面的研究几乎停滞不前,也很少有人去关注它,这使得管网信息系统的数据采集、更新与分析功能总有所欠缺。作者不揣浅陋将此书付梓,目的在于抛砖引玉,引起国内外学者对管网数据模型的重视,更期望得到读者的批评,以使该模型得到更好的完善。

　　本书由山东科技大学的牟乃夏、张灵先、戴洪磊,华北水利水电大学的邓荣鑫、山东省国土测绘院的孙久虎等同志编写,最后由牟乃夏统稿并定稿。本书编写得到了华北水利水电大学科研团队培育项目“快速城市化背景下区域水土资源耦合开发的环境效应研究”和山东省“泰山学者”建设工程专项经费的联合资助。

　　本书为一家之言,不当之处必定在所难免,敬请读者批评指正。读者的批评和建议请致信 mounaixia@163.com,作者将不胜感激。

牟乃夏

于青岛开发区洞门山下寓所

二〇一七年十二月

目　录

第 1 章　绪　论 ··· 1
　　§1.1　问题的提出 ·· 1
　　§1.2　城市管网地理信息系统的特征 ································ 5
　　§1.3　研究现状与进展 ·· 7
　　§1.4　研究对象与研究内容 ·· 12
　　§1.5　技术路线 ·· 14
　　§1.6　创新点 ·· 15

第 2 章　管网地理信息系统空间数据模型 ································· 17
　　§2.1　数据模型与数据结构 ·· 17
　　§2.2　空间数据模型 ·· 19
　　§2.3　管网数据模型研究 ·· 29
　　§2.4　本章小结 ·· 37

第 3 章　管网空间数据的有向节点模型 ··································· 39
　　§3.1　城市管网管理的本质:节点 ··································· 39
　　§3.2　有向节点模型的概念 ·· 45
　　§3.3　有向节点模型的数据结构 ···································· 47
　　§3.4　有向节点模型的数据存储 ···································· 52
　　§3.5　有向节点模型的关系构建 ···································· 57
　　§3.6　基于 SQL 的有向节点模型的数据分析 ························ 60
　　§3.7　有向节点模型的扩展 ·· 65
　　§3.8　本章小结 ·· 66

第 4 章　空间数据内存引擎 ··· 68
　　§4.1　空间数据内存引擎的提出 ···································· 68
　　§4.2　内存调度 ·· 71
　　§4.3　数据同步 ·· 73

§4.4　空间数据内存引擎的结构…………………………………… 74

§4.5　数据分析………………………………………………………… 74

§4.6　有向节点模型的内存引擎结构………………………………… 75

§4.7　空间数据内存引擎的扩展……………………………………… 76

§4.8　本章小结………………………………………………………… 76

第5章　管网地理信息系统多数据集成的统一框架………………………… 78

§5.1　地理信息系统多数据集成的概念……………………………… 78

§5.2　集成的发展现状………………………………………………… 80

§5.3　集成的模式、内容与方法……………………………………… 83

§5.4　基于有向节点模型的集成……………………………………… 94

§5.5　多数据集成的统一框架………………………………………… 95

§5.6　本章小结……………………………………………………… 104

第6章　基于有向节点模型和空间数据内存引擎的城市管网实时调度

　　　　地理信息系统……………………………………………………… 106

§6.1　管网实时调度地理信息系统介绍…………………………… 106

§6.2　数据编辑……………………………………………………… 111

§6.3　网络表达与分析……………………………………………… 118

§6.4　空间分析……………………………………………………… 122

§6.5　空间数据可视化与制图表达………………………………… 123

§6.6　实时拓扑……………………………………………………… 125

§6.7　决策支持……………………………………………………… 126

§6.8　本章小结……………………………………………………… 127

第7章　结论和展望………………………………………………………… 129

§7.1　本书的认识及成果…………………………………………… 129

§7.2　本书的主要不足之处………………………………………… 132

§7.3　进一步的工作………………………………………………… 133

参考文献……………………………………………………………………… 134

第1章 绪 论

§1.1 问题的提出

城市作为人口、资源、环境和社会经济要素高度密集的地理综合体,是社会经济、政治、文化的核心,是人类社会物质和精神财富生产、积聚和传播的中心,也是地球上最为复杂与活跃、人际交流强度最高的组成部分。城市的物质、能量和信息流高速运转,吸引着周围资源的流入,加速了城市化的进行。城市化水平和城市经济发展状况成为衡量一国综合发展水平的标志。城市的发展是一个国家发展最重要的动力,具有重要的战略意义,也是人居环境、可持续发展的焦点问题。

城市的急剧扩张使城市建设和城市管理的矛盾日益尖锐,城市建设需要解决问题的复杂性和需要处理信息的广义性使城市管理的难度前所未有。居住拥挤、环境污染等城市化进程中的一系列问题用传统的手段无法解决,物质能量的道路步履维艰。城市信息化是解决这一问题的关键,其目的是实现城市信息资源的广泛共享、统一服务与综合利用,减轻物流、人流、事务流的沉重负担,减轻生活压力,使生活更加便捷与舒适。

城市在一个国家中举足轻重,城市基础设施则是城市赖以生存和发展的基础性条件。目前我国处于经济高速发展时期,城市基础设施建设的速度和规模不断加大,结构不断升级,对基础设施的信息化管理显得尤为重要。城市管网是构建在城市三维空间上的错综复杂的网络系统,是城市基础设施的主体。如果说城市是一个有机体,那么它就是这个有机体内的"神经"和"血管",日夜担负着传递信息和输送能量的工作,是城市赖以生存和发展的物质基础,是城市的"生命线"。城市管网的管理是城市基础设施管理最为重要的一环,良好的基础设施和完善的城市功能所形成的良好的投资环境,是加快经济发展、加速现代化进程的保障。在进行城市规划、设计、施工和管理过程中,如果没有完整准确的地下管线信息,就会到处碰壁,寸步难行,甚至造成重大损失。城市发展越来越快,负载也越来越重,对城市管网的依赖性也越来越大。而且城市管网联系千家万户,和人民生活密切相关,运行一旦出现问题,必将给人们日常生活带来很大的麻烦,影响正常的生活秩序,城市管网的重要性不言而喻。

1.1.1　我国城市管网概况

受传统的计划经济模式和管理体制的影响,我国城市管网的管理运营采用垂直一体化的组织管理方式,政府垄断经营。政府是城市管网等基础设施的规划、投资建设和管理的主体。长期以来由于资金投入不足和一直将城市管网等作为城市的配套设施看待,重视程度不够,我国城市管网存在不少严重问题。近几年,随着市场的开放,各种资本进入城市管网行业,使得城市管网的建设和维护涉及的面更广,问题更为复杂,主要表现在以下几方面。

1. 建设滞后、设备陈旧、标准偏低、资源浪费严重

我国现阶段的人均主要城市基础设施拥有量尚不及发达国家 20 世纪 90 年代初期水平。2002 年,城市用水普及率只有 77%,燃气普及率尚未达到 70%,城市污水集中处理率不到 40%;到 2004 年,这个数字仅仅分别提高到 88.83%、81.5%、45.6%,因供水设施不足每年造成的工业生产损失达 2 000 亿元;2014 年,城市用水普及率达到 97.64%,燃气普及率达到 94.56%,城市污水处理率达到 90.18%。根据《国务院关于加强城市基础设施建设的意见》(国发〔2013〕36 号)的要求,上述数字到 2015 年将分别提高到:城市公共供水普及率 95%;城市燃气普及率 94%、县城及小城镇燃气普及率 65%;全国所有设市城市实现污水集中处理,城市污水处理率达到 85%。

"重地上,轻地下"的思想使城市管网的设计标准、建设标准普遍低于国外标准,"跑冒滴漏"严重,管网长期超负荷运转,安全事故时有发生。例如,贵阳市对供水地下管网进行测漏,全市 1 200 千米管道共测出漏点 186 个,漏水量每小时高达 1 500 吨,每天漏失的水可以充满 30 个标准游泳池。建设部提供的资料表明,根据对 408 个城市的统计,2002 年全国城市供水系统(自来水)的管网漏损率平均达 21.5%,按照这一漏损率推算,全国城市供水每年损失近 100 亿立方米,一方面国家耗巨资给城市调水,另一方面宝贵的自来水白白流失。截至 2014 年 6 月的调查显示,我国城市供水管网漏损率在 15% 以上。保守计算,15% 的城市供水管网漏损率,两年的损失量就能达到一个南水北调中线工程,如果漏损率降低 10 个百分点,即可节水至少 52 亿立方米,相当于 2000 多个昆明湖的水量。由此可见,大幅提升供水管网质量,降低管网漏损率,节约的水资源将相当可观。

2. 管理手段滞后、应急响应缓慢、安全隐患突出、伤亡事故不断

尽管各级地下管网管理部门纷纷建立了各类管理信息系统进行管网管理,也建立了诸多地理信息系统(geographic information system,GIS),但是受传统管理模式的影响,管理部门更看重资料的管理,导致管网空间数据更新缓慢,甚至在软件的生命周期内几乎不更新,久而久之使地理信息系统往往停留在展示的层面上,没有真正融入工作流程中。很多地理信息系统退化为参观时的演示系统或者是大

屏幕上的展示系统。当然数据更新问题仅仅是地理信息系统不能很好地融入管网业务工作流的一个方面,地理信息系统开发者对业务不熟悉,流程设计不科学也是重要的原因。此外,目前针对管网管理与分析的网络模型也不能很好揭示管网的内在逻辑,满足不了业务管理的需求,这是技术层面的原因之一。上述问题导致的现状之一就是,尽管有各类丰富的系统辅助于管理,但是受限于管理人员的业务水平和历史传承,很多时候还是手工管理为主。

管理手段的相对滞后,导致应急响应缓慢,在事故发生时往往得不到及时有效的处理。特别是近几年随着负荷增加和管网老化问题的加剧,伤亡事故屡屡发生,城市生活的"生命线"甚至变成了"夺命线"。近几年燃气、排水、供水等管网的安全事故频发,不仅造成了生命财产的损失,还引起了社会恐慌。管网管理的安全问题日益严峻:

2007 年 7 月 18 日,暴雨突袭济南,造成 30 多人死亡,170 多人受伤,约 33 万群众受灾,倒塌房屋约 1 800 间,市区内受损车辆约 800 辆,损坏市区道路约 1.4 万平方米,冲失井盖 500 余套,20 多条线路停电,140 多家企业进水受淹,市内交通一度处于瘫痪状态。济南全市直接经济损失约 13.2 亿元。

2008 年 6 月 13 日,深圳市遭遇罕见特大降雨袭击,造成 8 人死亡、6 人失踪,转移受灾人口 10 万余人,全市出现 1 000 多处内涝或水浸,直接经济损失约 12 亿元。

2010 年 7 月 28 日,南京市栖霞区迈皋桥街道的南京塑料四厂地块拆除工地发生地下丙烯管道泄漏爆燃事故,共造成 22 人死亡,120 人受伤住院治疗,其中 14 人重伤,直接经济损失 4 784 万元。

2012 年 7 月 21 日,北京暴雨疯狂肆虐,雨量历史罕见。特别是丰台南岗洼京港澳高速下沉式立交桥淹没、房山区洪水泛滥以及泥石流给全市造成严重灾害,导致因灾死亡 78 人,受灾人口 190 万人,直接经济损失 116.4 亿元。

2013 年 8 月 14 日,哈尔滨市辽阳街路面突然塌陷,4 人落入深坑,两死、两伤。事故原因是连续几场强降雨造成土质沉降,致使老旧排污管线断裂,泥沙灌入人防工程洞体,最终导致地面塌陷。

2013 年 11 月 22 日,山东青岛中石化东黄输油管道泄漏,原油进入市政排水暗渠,在形成密闭空间的暗渠内油气积聚遇火花发生爆炸。事故造成 62 人死亡、136 人受伤,直接经济损失 75 172 万元。

2014 年 4 月,中石油兰州石化分公司一条管道发生原油泄漏,污染了供水企业的自流沟,威立雅水务集团公司检测发现,其出厂水苯含量高达 118～200 $\mu g/L$,远超出国家限值的 10 $\mu g/L$,引起了当地市民抢购矿泉水。

　　……

这些事故的发生不仅造成了巨大的经济损失,更造成了人员伤亡,给公众心理造成了强烈的震颤,不利于社会的和谐稳定。

3. 政出多家、信息不畅、资料不全、档案不清、责任不明

政出多家、分头管理的体制,使各主管部门"自扫门前雪"。由于各种原因造成资料共享困难,并且由于建设主管不一、施工单位不一、建设时间不一,管线分布数据较为散乱,管线拆建、改建、扩建时往往因数据不清而误挖、错挖现象屡屡发生,造成了严重的损失,影响人民生活。现有的情况是,几乎没有一个城市能够提供完整的市政管线资料,现有的资料与实际也多有不符。

4. 没有统筹规划,频繁修修补补

各主管部门在建设过程中没有统筹规划,往往是一家刚刚敷设管线,另一家就破土动工,城市中此类"拉链马路"比比皆是,不仅造成资源浪费,又容易挖断其他管线。就是同一个部门对自己的主管管网也经常三天两头改造。由于资料不清,改扩建过程中经常需要临时变更设计方案,竣工图又不及时整理归档,频繁的改扩建使资料管理前后不一致,自相矛盾,信息化管理更加困难。

1.1.2 城市管网的特征

城市三维空间上纵横交错的管网系统,是典型的复杂网络系统。特别是我国由于历史原因和人为因素,作为和人民生活密切相关的城市网络系统,城市管网具有以下特点。

1. 种类繁多

按照权属,城市管网分为城市公用事业管网和专用管网。公用事业管网服务于整个城市的居民;专用管网有部队专用、铁路专用、石油专用等,为某一具体行业和单位使用。按照输送介质分为供水管网、排水(雨水、污水)管网、燃气(煤气、液化气)管网、热力管网、电力网、通信网、工业管线(石油、化工等)等管线类型。按照级别又可分为城市主干网、小区(庭院)网等。

2. 隐蔽性强

城市管网中的排水、供水、燃气一般埋设于地下,电力、电信网既有地上线路,又有地下电缆。城市管网遍布城市地上地下的三维空间,构成错综复杂、密如蛛网的传输系统。

3. 设备类型复杂

城市管网不仅种类繁多,每一种管网又包括大量的设备。如供水、排水、燃气、热力等系统由大量的阀门、盖堵等控制设备,不同材质、不同管径的管材等输送设备,三通、四通等分支设备,调压器、加压站等压力调节设备,排气阀、积水缸、检修井等辅助设备等组成;电力、电信系统由大量的开关、熔丝等阻断设备,配电箱、环网柜、分支箱、开关站等分配设备,监测电压、电流、信号通路等智能化监测设备等组成。同时每一种设备又有不同型号、不同生产厂家、不同设备参数等,使管网管理的设备类型更加庞杂。

4．动态变化

城市管网建设时间较长，一个城市管网建设历经几十年甚至上百年，不同历史时期的建设标准、档案资料管理均不一样，而且早期的资料散失较多。特别是近十几年来，大规模的改建扩建城市管网，使管网的资料管理更加困难。

5．多家管理

由于体制的原因，我国的城市管网一直由多家分头管理，各自为政。给水管网由自来水公司管理，排水管网由排水管理处管理，燃气管网由燃气集团管理，热力管网由热力处管理，电力、电信各有自己的主管部门，没有形成统一的管理模式。特别是目前采取了多元化的投资方式，进行市场化运作，包括融资、投资、贷款等形式，使市政基础设施建设迈入了快速发展的轨道，但因为多家主管部门信息不通，造成重复投资、资源难以共享。

6．不同管线相互影响

不同类别的城市管网在设计、建设过程中，互相影响，互相制约。为此国家标准和规范限制不同管线的最小净距、标高、跨越时的处理、管线敷设时的走向关系等，以保证管网安全与高效运行。

7．用户数量大

城市管网为千家万户服务，涉及重要工矿企业等大用户和城市居民等普通用户。管网管理部门要具体管理到每一户的资源使用、收费信息和管网设备的连接关系等，对一些大用户的特殊保障措施和特殊设备也要进行图资管理。可以说城市居民每家每户都涉及供水、供热、电力、电信等服务，复杂的用户信息构成了海量的数据库。

8．多源头补给，管网结构复杂（枝状、环状结构结合）

城市管网在建设初期多为枝状结构，随着城市发展和管网改造由枝状结构向环状结构发展，形成主干网为环网，分支网为枝状的交错结构。目前，发达城市的供水供电线路等全部为环状结构。管网也由过去的单源供应变为多元同时补给，不仅使管网的流量压力等参数实时可变，而且输送介质的流向也随时间和调配模式而变，城市管网运营结构更加复杂。

§1.2　城市管网地理信息系统的特征

城市是地理信息系统应用的主战场，城市管网是城市地理信息系统应用的重中之重[1]。管网空间数据因本身具有的复杂性，非常适于将地理信息系统引入到管理中。城市管网管理不仅仅是针对空间数据即几何特征的管理，更有其运行状态、实时调度的需要。管理的目的是保证城市管网合理、有序、稳定、高效的运行，使工农业生产和居民生活正常运转。与其他地理信息系统相比,管网地理信息系统在空间数据和管理运行上具有明显的区别。

从管网空间数据的几何特征上讲,城市管网具有以下特点:

(1)数据准备复杂。管网的数据分析和管理对底层数据的依赖性非常强,数据的质量和规则直接影响空间管理的效果,上层管理系统需要针对不同的数据作特殊的调整,同一数据在不同的系统中具有不同的分析结果。往往是上层软件设计者根据软件本身的功能要求对管网数据准备提出要求,数据和上层软件的绑定加大了数据准备的难度和工作量,并造成管网 GIS 的通用性较差。

(2)连接关系复杂,行业规范严格。不同的管网都有自己一整套的行业规则,管线与管线、设备与设备之间具有复杂的强制的连接关系。例如,给水管网的分支线必须通过分支接头(三通、四通等)和主干管线连接,不同管径的管段须通过变径接头连接,高压管线和低压管线须通过减压器连接。配电网进入小区用户需要通过变压器连接,主干线和分支线需要通过分支箱连接。排水系统中不同管径、不同污水性质的管线连接,对埋深、标高、连接检查井的处理均有明确规定。

(3)多重属性表达。城市管网构成的城市资源供排网络,同一管线经常具有多重属性的表现。例如,雨水、污水合流的城市排水系统,排污管线既是城市雨水系统的管线又是城市污水系统的管线,一段管线属于两个系统共有。城市配电系统的供电线路可能既属于一条支线又属于另一条支线,所属支线与配电线路的实时运行状态有关。配电线路的同杆架设的实质是在两个杆塔之间有多条线路存在,现有的 GIS 模型规定两个点之间只能存在一条直线,同杆架设在实际显示和空间分析过程均需要按多条线路对待,即同一个杆塔同属于几条不同的线路,同杆架设是 GIS 典型的多重属性表达。现有的 GIS 模型难以从根本上解决管网的多重属性表达问题。

就运行管理而言,城市管网的管理是多个系统协同工作、实时工况同步监测、多个部门共同协调的生产保障体系,不仅要保证管网设备的正常运转,还要有规划预测和辅助决策的功能。

就运行管理而言,管网具有以下特点:

(1)多系统集成。城市管网科学管理的目的就是更可靠、更安全地为城市居民服务,单纯的地理信息系统如果仅仅停留在对城市管网资料本身的管理上是达不到上述目的的,必须和主管部门的管理信息系统(management information system,MIS)、客户信息系统(client information system,CIS)、实时数据获取与控制(supervisory control and data acquisition,SCADA)系统、办公自动化(office automation,OA)系统等集成,将 GIS 作为主管部门日常管理的基础平台,在其上进行资料管理、业扩收费、事故抢修方案快速制定、地理信息服务等,使 GIS 成为管理部门整个信息岛的核心,切实提高工作效率和管理水平。

（2）实时参数显示。城市管网的隐蔽性、复杂性特点使管网实时运行工况难以测量。各管理部门已经建立了大量的实时信息的监测点,实时监测管网的压力、流量、功率、负荷状态等信息。传统的实时信息一般在各自的实时监测系统中以逻辑示意图的方式显示,没有与具体地理位置结合,调度人员无法及时得到监测点的实际地理方位,一旦事故发生难以及时制订合理有效的抢修预案,特别是在大城市中管网复杂的地区暴露的问题更是突出。在 GIS 图上表达管网运行工况显得尤为必要。

（3）辅助决策。城市管网一旦出现如停水、停电、爆管等严重影响居民生活秩序,甚至使居民有生命危险等问题,必须以最快的速度进行抢修,而人工查找资料确定抢修方案,费时费力、准确性差,无法满足紧急事故抢险的需求。GIS 利用空间分析功能,结合用户管网资料、客户资料,自动生成抢修需要关停的阀门、开关和负荷转移方案,并且能给出一次关阀不成功的二次关阀应急方案,结合道路数据给出最优路径,以最快的速度抵达现场,彻底解决人工制订方案的不确定性、随机性、随意性的弊端。

§1.3　研究现状与进展

1.3.1　研究现状

20 世纪 80 年代,随着成熟 GIS 平台软件的出现,GIS 逐步进入城市管网的管理中。此后对 GIS 在管网中的应用、管网线性网络的数据结构、多系统的数据集成等方面有了进一步的研究,并出现了专门针对城市管网研究应用的公司,如 Miner & Miner 公司等。平台 GIS 软件也开始提供针对城市管网应用的模块,如 Esri、Smallworld、Intergraph 等提供的网络分析模块等。同时这些公司根据管网管理的特点,提出了煤气、供排水、电力等企业级解决方案,进一步推动了 GIS 在城市管网中的应用。进入 21 世纪以来,随着信息化建设速度的加快、科学管理的需要,GIS 在城市管网中应用呈面状铺开。下面从管网 GIS 建设、GIS 基础平台研究、管网 GIS 数据模型和多系统集成等方面对城市管网 GIS 研究现状做一概述。

1. 管网 GIS 项目建设

20 世纪 80 年代中后期,Lincoln Electric 公司将 GIS 引入工作管理中,建立了 Lincoln Electric System,实现对所管电力线路的综合管理。1985 年,法国 CEP 供水服务公司在 CAD 的基础上建立了初步的 GIS,管理所辖 2 350 千米的管道、12 300 个阀门、66 000 个连接点、25 000 组公共设施和 280 万用户的资料。20 世纪80 年代城市管网 GIS 的功能非常简单,基本上是资料的静态管理。近十年来,国外平台软件的功能有了很大的发展,国内的 GIS 平台软件也逐步完善,加之管理部门普遍认识到科学管理对管网安全、可靠运行的重要性,GIS 在城市管网中的应用大规模开展起来,目前我国大部分城市的地下管线管理都引入了 GIS。管理部门不再将 GIS 看作是一个独立的系统,而是将其作为整个管理部门的中心系统在其上集成其他应用系统,GIS 逐渐成为行业管理智能化系统中的核心系统。

GIS 在国内城市管网中的应用在 20 世纪 90 年代起步,目前已广泛应用到电力、供排水、燃气、电信等管理部门。国内已建成的几千个企业级 GIS 中,城市管网方面的应用占 60% 以上。但是国内城市管网 GIS 应用规模普遍偏小,基本上是地市级和县级规模的应用,GIS 本身的优势不明显。国内电力部门应用 GIS 时间较长,用户数量最多,智能化程度最高,目前基本上地市级电力部门均有 GIS,部分建立了以 GIS 为主的综合管理调度系统。供水行业接近 40% 建立了供水 GIS,其中一类水司(最高日供水量超过 100 万立方米)90% 建立了 GIS,二类水司(最高日供水量 50 万~100 万立方米)近 60% 建立了 GIS[2]。燃气、热力和电信 GIS 尚处于开始发展阶段,但它们起点较高,有较多的项目经验可供借鉴,已建成的 GIS 接近国外先进水平。

2. 基础平台研究

目前在管网 GIS 上没有独立的运行平台,都是在通用平台的基础上进行行业应用。1969 年,Esri 和 Intergraph 公司成立,开始通用地理信息系统平台的研制,Esri 公司在 1981 年发布 ArcInfo 平台,Intergraph 公司在 1989 年发布 MGE 平台,但这些平台对硬件要求很高,限制了进一步使用。1986 年,MapInfo 公司成功进行桌面地理信息系统平台的研制,1988 年,SmallWorld 公司开始专力于电力地理信息系统的研发。Miner & Miner 公司从 1986 年开始,专心致志于建设城市公用设施 GIS,但是它一直在 Esri 的 ArcInfo 和 ArcGIS 平台上进行二次开发,没有自己独立知识产权的底层平台,主要研究基础平台软件和具体行业规则的结合,以满足具体管理部门的需求。

国内也没有从底层开发的直接支持城市管网数据模型的专用 GIS 平台软件,同样是在通用 GIS 平台软件上进行行业应用。但是国内 GIS 平台在平台稳定性、数据存储、多用户数据访问、底层数据库互联等方面和国外平台存在很大差距[3]。城市管网仅仅是 GIS 平台的一个重要的应用领域,迄今为止,国内还没有一家专门研究城市管网 GIS 的大中型公司或科研机构。GIS 开发者不了解管网具体行业规则、行业模型和运行规程,管网管理者不了解 GIS 的概念和思想。导致已有的管网 GIS 退化为图资资料管理系统,与管网具体管理和实时运行没有紧密集成,决策支持功能很弱。

3. 数据模型研究

国内外均将城市管网高度抽象,抽象为数学基础上的平面强化的点线结构,忽略城市管网本身的规则和模型,将管网作为地理网络的一种,用线性网络进行管网的空间分析。MapInfo 等非空间拓扑结构在进行空间分析特别是网络分析时,需要解构原数据,用数据结构本身的算法构建分析用的数据,分析结果还原为实际的管网数据本身。ArcInfo 等带有空间拓扑关系的管网数据用路径系统或者几何网络、逻辑网络进行管网的空间分析。高度抽象的平面强化模型揭示了管网数据的最本质的图形关系,模型本身没有考虑管网的连接规则、拓扑规则和行业运行规则,仅仅将管网作为点线组成的二元网络,在具体的行业应用时,无法在统一框架内实现 GIS 管网模型和行业规则模型的无缝连接。

数据模型研究的重点放在如何高效、快速地进行线性网络的路径分析、空间索引等数学算法上,在理想数据下空间分析的时间复杂度和分析结果的精度均有明显的提高。实际使用的管网数据千差万别,部门管理模式直接影响数据的结构,实际数据解析为理想管网分析数据的过程成为空间分析的瓶颈,这一瓶颈使管网GIS 可移植性、通用性存在很大问题,更不用说在不同种类管网之间进行数据的统一管理。目前急需提出在管理应用层次上的管网 GIS 数据模型,找出管网管理的共同点,抽象出针对管网数据结构的适应性模型。

4. 数据集成研究

GIS 本身就是图形和属性数据的集成,集成随 GIS 的产生而出现。GIS 如果不和用户的实际业务系统结合,单纯进行资料的管理其实用性不大。目前国内外建成的 GIS 中,或多或少地和用户的业务系统进行了集成,有些部门建成了以 GIS 为核心的综合管理系统,在 GIS 的基础上进行日常事务的管理。

数据集成方面,国内外的研究基本是基于数据库的属性数据的集成,GIS 只管理图形数据,其他所有属性资料、用户资料通过关键字段(标识码)实现内容共享。不同的系统各有自己的数据库,进行数据操作时需要从多个数据库中获取数据,频繁地读取数据库降低了数据操作的效率,特别是在大数据量时,图形数据的传输和属性数据的匹配形成的数据瓶颈是多系统集成亟待解决的问题,有时甚至一个简单的操作都会超过用户的忍耐极限。许多学者提出的基于文件的集成、基于可执行程序的集成、基于动态库的集成等集成方法没从根本上解决问题。

1.3.2　研究进展

管网 GIS 在国内外取得了许多成功的工程应用,同时诸多学者也认识到管网GIS 存在的问题,开始研究管网 GIS 的理论与应用,在数据模型、数据集成以及综合调度系统等方面做了一些工作。

城市管网在数据模型上抽象为平面强化的点线二元结构的网络[4],将复杂的管网网络抽象为简单的点线,从数学上解决了管网的本质问题,为管网的数据存储、查询检索和空间分析的实现奠定了基础。线性网络作为现实存在的地理网络的抽象,必然舍弃管网的本身特点,这使其适用性大打折扣。平面强化的平面图节点—弧段模型在表达管网网络的多重属性、特征间的几何拓扑关系、特征目标与平面图目标之间的语义关系以及存在大量几何特征重叠的多模式网络上存在明显缺陷,统一的地理网络模型在管网上的应用受到限制。为了适用管理的需要,提出了基于特征的 GIS 模型将地理实体作为地理建模的基本单元,在较高的层次上理解和分析地理实体。具体到管网可以将某一条配电管线作为一个特征,而不是将其分为多个弧段,这不仅符合管理的实际情况,也使查询、分析、制图和网络表达更加方便。

Esri 公司在 Geodatabase 的基础上提出了线性网络的概念,以几何网络、逻辑网络来表述城市管网,几何网络表征管网的几何形态,逻辑网络表征管网的内在关系,用于空间分析,并将网络划分为简单网络和复杂网络,将节点分为简单节点和复杂节点。复杂网络解决"细碎化"问题,在这一点上和基于特征的模型是相似的。复杂节点对应于简单节点和简单边的群,例如配电网络中的配电箱和供水网络中的水泵站等。

针对具体管网某方面管理的特点,即空间图形功能要求不高,数据结构相对简单,但多用户并发访问较多的情况,国内提出基于关系数据库存储关键设备点的思想,使用简单的 GIS 功能和数据库功能实现管理需求[5]。这种模型思想仅仅针对有限的具体应用,通用性差,和 GIS 发展的趋势似乎是"相悖"的。

城市管网管理是多个系统协同工作的集成系统,已建成的管网 GIS 也或多或少进行了多系统的集成。在数据格式转换、数据互操作和直接数据访问的基础上,发展了多源数据无缝集成、通用空间数据引擎等集成模式,在已有数据源基础上构造两级或多级数据访问引擎,实现数据访问的数据格式无关、数据结构无关、异构数据库访问和位置无关等特性。从而解决不同数据资源并合理利用,屏蔽数据外在因素差异的影响,最大限度地提高数据的可用性。

将 GIS 应用于城市管网,如果不与管网管理的实时监控系统结合,为规划决策、实时事故报警和抢修提供技术支持,其实用性和应用前景必然受到影响。GIS越来越多地作为城市管网综合调度系统的基础平台系统而存在,作为整个管网管理诸多系统的数据流中心,GIS 逐步成为管网管理的综合决策支持平台和日常运行办公自动化平台。

1.3.3　存在的问题

在已建成的城市地理信息系统工程中,管网 GIS 占了相当的比重,也取得了明显的效益,遗憾的是迄今为止专门针对管网的 GIS 基础平台和理论研究几乎是空白。目前的情况是,管网 GIS 仅仅是基础 GIS 平台的一个行业应用,以现有的 GIS 数据模型解决城市管网特殊应用,没有考虑管网运行的行业特征,存在一系列的问题。以通用模型解决特殊应用,似乎是以不变应万变的策略,但是如果不在底层上考虑管网几何和管理的特征,这始终会是 GIS 在管网应用上的巨大障碍。现有的数据模型要么是高度抽象的网络模型,要么是针对具体管网应用的模型,如配电的模型、电信的模型,没有一种基于抓住城市管网本质的公用数据模型。通用数据模型过宽,难以适合行业应用;具体的行业模型又过窄,难以在不同管网之间移植,不适于当前市政管线智慧管理的需要。

当前管网 GIS 存在以下的主要问题:

(1)行业结合不紧密,专业规则和知识表达在 GIS 中少有体现。管网 GIS 和具体行业模型、行业规则、行业运行规程结合不紧密,使 GIS 和用户其他信息系统割裂,GIS 的投入使用没有给管理模式、管理流程带来高度自动化,GIS 和其他系统以几条主线独立运行,信息交换不畅,数据交换困难,地理数据没有成为一切业务流程的基本数据,其他系统调用 GIS 数据困难,久之,GIS 变成自动化的图形数据库,功能难以充分发挥,从而失去其核心作用。

(2)数据加工困难,数据和功能绑定导致数据迁移困难。目前管网资料本身就不完备,转化为 GIS 使用的地理数据又要保证点线之间关系的完整性,由于对用户管网连接规则、建设规则不清,用户人工控制点线之间的拓扑关系工作烦琐且容易出错。数据和 GIS 绑定独立性差,往往需要根据实现的功能决定数据的准备方式。例如管线矢量化过程中线段在何处断开、何处算是一个独立的管段都没有公认的合理的划分标准,要么开发者根据现有数据的拓扑和结构制定特殊的处理方法,要么根据系统要求规定数据的特殊处理方法,两种方法均使 GIS 成为针对某一具体项目的特殊应用,一旦更换数据,上层软件需要重新调整。系统建成后数据维护的过程,仍然要人工对管网拓扑进行干预,随意性大,数据通用性受到极大限制,同一数据在不同 GIS、同一 GIS 调用不同的数据会得到不同结果,使 GIS 难以扩展。

(3)通用 GIS 数据模型研究较多,管网模型研究较少。在非拓扑型的数据结构中,空间分析需要解构地理数据,运用数据结构中树和图的方法进行空间分析,地理数据的地理特征没有融入空间分析。拓扑型的数据结构依靠图形本身的拓扑关系进行管网的网络分析,相对较易。管网数据结构的实质变成数学基础上的图论,对管网数据模型的研究实质变成如何优化求解图论的问题。高度抽象的结果使管网行业模型没有和 GIS 本质有机结合,在底层割裂了管网行业模型和 GIS 本身模型的关系,导致上层应用与数据集成的行业特色减弱。

(4)集成层次较低,集成方式简单,集成理论研究几乎空白。数据的集成停留在数据库集成的层次上,没有在深层次上挖掘数据的内在关系,没有体现数据间的语义关系,也没有在同一框架下集成多个系统。低层次的数据集成导致数据交换和共享性差,使系统的稳定性和健壮性深受影响,费时费力设计的集成系统中一旦某一个系统发生改变,往往需要从头重来。

总之,国内外对管网 GIS 进行系统的理论研究和应用研究较少。国外研究主要停留在行业解决方案和平台软件的结合,国内停留在平台软件的行业应用。对管网 GIS 本身的数据模型、数据组织、数据集成及数据规则少有研究。现有的对数据模型的研究依然是对 Esri、Intergraph、Smallworld 等软件在网络分析等方面如何合理地组织数据的研究,甚至可以说仅仅是研究如何使用软件提供的模块和空间数据库进行数据的组织。针对行业解决方案的研究也仅仅停留在如何合理组织具体行业的属性数据、设备关系等,没有揭示管网模型和 GIS 结合的本质。

§1.4 研究对象与研究内容

基于城市管网 GIS 的内涵,从管网本身的特点出发,结合 GIS 的思想和原理,研究管网模型和 GIS 模型结合的管网 GIS 模型,克服过于抽象的数学上的点线二元网络模型不考虑管网模型的缺点,又避免过于强调管网模型本身忽略 GIS 本质的弊端,旨在寻求一种统一考虑管网行业模型和 GIS 本质的数据模型,既考虑行业特点又兼顾 GIS 对数据要求,解决当前管网 GIS 数据模型研究薄弱、数据组织没有抓住管网本质的问题,在此基础上研究统一框架的多数据的集成机理。

1.4.1 研究对象

以城市管网为研究对象,从广义上讲,管网包括管、线和网三部分。管是内部有液体或气体介质传输的承载体,如供水管、燃气管、排水管、热力管和其他工业管道;线传输的是不可见的电流信号等介质,如配电网、有线电视、通信线路等;网是构成环路的管、线的组合,供水管、燃气管、有线电视网络等构成环路结构便形成网。还有一种特殊的网络-交通网,由于交通网和城市管网本质的不同,本书讨论的城市管网不包含城市交通网络,具体讨论见第 2 章。

1.4.2 研究内容

本书不是研究一项城市管网 GIS 工程如何建设,也不是解决管网 GIS 工程应用的技术问题。已有的数据模型在工程实例和软件支持上有很大优势,本书的研究旨在提出一种新的数据模型和集成方案,以解决目前没有管网 GIS 专用模型、数据集成困难、智能化决策支持不够的弊端。

现有数据模型进行管网数据建模时,将管网抽象为节点和边(弧段)组成的二元网络,同等考虑节点和边,但在管网的实际管理中,往往只是针对节点进行。在深入研究城市管网空间数据和管理要素特征的基础上,认为节点是城市管网数据组织的基本要素。从图形上看,管网是点、线组成的二元网络,现有的数据模型以线为基础进行数据组织和空间分析,忽略了管网的本质特征:线由点动态构造,不同级别的点构成不同级别的线,构成线的点的性质决定线的性质,管网的线实质上是节点之间的连接关系。据此提出了管网空间数据的"有向节点"的概念,将城市管网网络简化为以节点为主体、以节点连接关系(代替边参与网络分析)为补充的一元结构,将节点与节点的连接关系作为节点的方向,节点和其他节点可连接的数量作为节点的度,以节点等级自动抽取各层次的逻辑网络,依靠节点及其连接关系实现网络分析和可视化功能。

兼顾实时管理的动态逻辑网络和静态管理的图资系统的需求,将管网的有向节点分为三类:特征点、造型点和辅助点。特征点决定管网网络实时管理层面上的逻辑特征,例如配电系统的开关、熔丝,供水、供气线路的监测设备等。造型点形成管网的几何网络,构造真实的基于地理位置的管网图形,例如配电线路的杆塔及供水、供气线路的阀门、转折点、分支点等。辅助点是实际中不存在或管理上一般不将其抽象为节点(如配电房、分支箱内的接头等)的点,为了某种特殊需要而添加,如制图美观、保证拓扑完整性、进行多级网络分析等而生成的点。

有向节点模型将每一个节点作为一个对象,不同类型的节点形成类的层次,便于共有属性的继承和私有特征的扩展。将管网抽象为节点及其关系,便于充分利用对象关系型数据库的优势进行数据的存储和分析,极大地简化了管网数据的准备、查询检索和空间分析。节点本身的属性和节点之间的关系以关系表存储,对地理数据的操作转化为对关系数据库表的操作。数据的查询检索、多用户的并发访问、数据的备份等是关系数据库的优势,管网的网络分析在关系表的基础上用结构化查询语言(structure query language,SQL)即可很容易地实现。

从网络分析的角度看,有向节点在本质上仍然是有向图的结构,现有的各种图论的算法对有向节点模型均是适应的,即有向节点模型在网络分析上既可以在较高的层次上以 SQL 语言实现,又可以从底层进行各种网络分析算法的设计。

有向节点模型以关系数据库存储空间数据,在数据加工、资料统计、多系统集成方面优势明显,但在网络分析上速度不会有质的提高,空间数据的操作和网络传输依赖于数据库本身的设计。为做到数据的实时同步和使数据的显示、刷新、空间分析和多数据集成有质的提高,提出"空间数据内存引擎"技术,将空间数据视需要加载到内存,在内存中进行数据的分析和传输,这种"以空间换时间"的思想符合当前计算机硬件发展的规律。空间数据内存引擎彻底解决大数据量地理数据的快速显示刷新、地理数据的同步操作、多系统多数据的无缝集成存在的问题,又容易构建在同一项目中的不同层次的多级应用。

数据集成包括多格式数据集成、多源数据集成、多系统数据集成、多 GIS 平台软件集成、多个异构数据库集成、静态数据和在线动态数据的集成等。基于空间数据内存引擎技术,将多种集成方式在统一的框架内实现。构造临时的中间层,将地理数据、实时数据和需要的数据预先加载到内存,避免数据库的频繁读取,提高数据操作的效率,还可屏蔽异构、异质、异地数据的差异,实现数据的均一化和对外服务的透明,真正做到多数据的无缝集成。

在有向节点和空间数据内存引擎的基础上研究城市管网综合调度系统,综合实时调度 GIS 是管网管理办公自动化的基础部分,也是管网管理的核心。调度自动化的主要系统是 GIS、MIS 和 SCADA 系统,GIS 作为调度自动化多个系统的基础平台和数据岛的中心,在实时事故报警、抢修方案制定、工作任务派发、抢修保障和用户通知等方面起着至关重要的作用。

§1.5　技术路线

本书按照如图 1.1 所示技术路线组织。

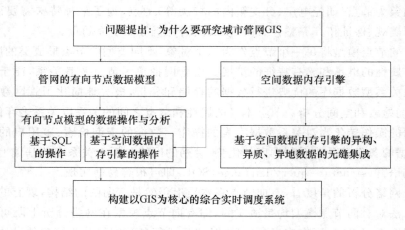

图 1.1　本书的技术路线

第 1 章分析了城市管网的重要性,城市管网 GIS 的特点,当前城市管网 GIS 的研究现状、研究进展以及存在的问题;界定本书的研究对象,提出研究内容和拟解决的问题。

第 2 章详细讨论空间数据模型和管网的数据模型;指出城市管网和城市交通网络的不同;分析当前使用的管网数据模型:路径和动态分段的线性参考系统,Geodatabase 的线性网络系统的概念和关键技术,指出其在管网 GIS 应用中的不足,提出应该以一种新的模型代替现有模型。

第 3 章在分析管网的几何特征和管理特征基础上,指出管网网络模型本质的要素是节点而非边(弧段),提出有向节点的思想,定义了有向节点的基本概念,给出有向节点的数据存储方法和节点关系描述,给出基于 SQL 语言的有向节点模型的数据分析的代码,讨论有向节点模型的扩展。

第 4 章提出空间数据内存引擎的概念,阐述了基于内存引擎的空间数据编辑、网络表达、网络分析、实时拓扑等内容。在内存中加载常驻数据,提高数据访问和分析的速度,以实现基于内存的多客户端的数据同步。以纵向分层、横向网格的内存调度思想解决大数据量和有限内存的矛盾。在内存引擎中依靠验证规则和数据字典实现智能化的数据编辑,构建各种网络分析算法需要的结构进行网络分析,必然提高数据分析的时间效率。同时,各类实时参数加载于内存并和空间数据融合,使网络拓扑成为带实时参数的动态拓扑,有效地模拟管网运行的实时工况,是科学决策和实时控制的基础。

第 5 章讨论基于空间数据内存引擎的多数据的集成。讨论 GIS 多数据集成的概念,多数据集成的模式、内容和方法。空间数据内存引擎作为多种格式数据、多空间数据库数据、多系统数据、多源数据、实时数据的统一集成容器,屏蔽异构、异质、异地数据的差异,通过内存引擎实现数据透明和均一化,真正做到数据访问的无缝集成。

第 6 章在有向节点模型和空间数据内存引擎的基础上实现城市管网综合实时调度 GIS 的原型系统,给出关键技术的实现思想和方法。

第 7 章为本书的结论与展望,总结了本书的工作和创新点,指出不足和进一步研究的方向。

§1.6 创新点

本书的创新点体现在对管网业务逻辑理解的基础上,结合管网图形数据的本质和管理业务的需求,从理论层面上将管网模型的重点由线变为点,并考虑到现有的实现手段,提出了内存引擎的概念。具体如下:

(1)在深入分析城市管网的几何特点和管理要素特征的基础上,认为节点是城市管网数据的本质要素而非管线,管线是节点基础上的连接关系,管网数据是以节点为中心进行组织,管网网络是由节点及其连接关系组成。据此提出有向节点的概念,以节点的连接关系作为节点的方向,以节点的连接数量作为节点的度,以节点等级区分不同的逻辑网络层次。将节点分为特征点、造型点和辅助点,在逻辑网络的层次上管理地理数据,几何网络由节点动态生成,是逻辑网络的地理图形表现。有向节点将管网的二元结构简化为一元结构,数据维护时只需采集管点数据,连接关系通过设定的规则自动生成,使节点之间的关系显化和数据库表同质化。节点本身属性和节点关系以不同的关系表存储,将空间数据的操作转化为关系数据库表的操作。使用 SQL 语句通过节点属性表、节点关系表、节点等级变化表和转向表等实现空间数据的更新维护操作和空间分析。

　　(2)提出空间数据内存引擎的概念,给出空间数据内存引擎的内存结构、内存调度和数据同步的框架。内存引擎是数据使用者和数据提供者之间的中间层,在内存中开辟空间,动态加载常用数据并驻留内存。数据消费者从内存中进行访问,既提高显示、数据操作、空间分析的时间效率,又可实现多客户端数据的实时同步。空间数据内存引擎是架构在异构、异质、异地(分布式数据库),多格式、多系统、多源数据和多空间数据库引擎上的数据访问层,使异质空间数据同质化、异构数据同构化、异地数据本地化,实现空间数据对数据消费者的均一化和完全透明,真正做到空间数据的无缝集成。

　　(3)在有向节点模型和空间数据内存引擎的基础上设计了城市管网综合实时调度 GIS 的原型,并给出关键技术的实现框架。

第2章 管网地理信息系统空间数据模型

数据模型是对现实世界数据和信息的抽象表示与模拟,是现实世界和计算机世界的一种影射关系。空间数据模型就是表示地理空间实体数据的方法[6]。数据模型提供了数据库的概念结构及信息表达的形式化手段,决定了需要在数据库中表达的特征及其如何描述它们之间的相互关系,定义了在数据上的各种操作。数据模型包括三方面内容,分别为数据结构类型集、数据操作算子集和数据库状态的完备性约束规则集[7-8]。地理数据模型和数据结构是空间数据库的核心,空间数据库按一定方式组织、存储和管理空间数据,具有较高的程序和数据的独立性,能以较少的重复为多个用户或应用程序服务,故而是 GIS 的核心[9]。

§2.1 数据模型与数据结构

数据是客观对象的表示,在计算机科学中是指所有能输入计算机中并被计算机程序处理的符号总称。

模型是对现实世界的事物、现象、过程或系统的简化描述,特别是指对客观事物中一些要研究的特征、状态、结构或属性及其变化规律的抽象。在 GIS 中,对模型一词有两种理解[7],一种从模型的描述性出发,认为 GIS 本身就是客观世界的模型;另一种从模型的分析功能出发,认为 GIS 与建模是计算机辅助地学研究中不同的、有待集成的发展趋势。

模型一般由以下几个基本部分组成[4, 10]:

(1)系统——描述的对象;

(2)要素——构成系统的各成分或子系统;

(3)关联——各要素或子系统之间以及整个系统与外部环境之间的联系;

(4)约束——系统所处环境和约束条件。

模型通常有四种表现形式,分别为物理模型、数学模型、结构模型与仿真模型。

2.1.1 数据模型

数据模型是模型概念在计算机领域的发展。顾名思义,数据模型就是通过数据手段对现实世界进行的抽象。它形式化地定义了操作与完备性规则的目标的集合及表达数据库中数据逻辑组织的纲领的集合[11-12]。数据模型提供了数据库的概念结构及信息表达的形式化手段,决定了需要在数据库中表达的特征及其如何描述它们之间的相互关系,定义了在数据上的各种操作。

在数据模型的各种形式化定义中,关系型数据模型的创始人 E. F. Codd 的定义比较具有代表性,得到了业界的普遍认可。Codd 认为,数据模型包括三方面内容,分别为数据结构类型集、数据操作算子集和数据库状态的完备性约束规则集。

Frank 与 Egenhofer 也提出了与之相似的定义,他们认为,数据模型由三部分构成:

——目标集合;

——目标操作集合;

——目标操作应用结果规则集。

可将数据模型定义为如下的三元组:

$$Data\ model = (S, O, T)$$

其中,S 是表示与组织数据的规则,称为数据模型的静态要素。它不仅给出组织和表示对象、对象属性及对象之间联系的方法,还给出对它们的约束。O 是对数据的操作集合,是数据模型的动态要素。它给出对对象及对象联系的操作、操作之间的联系,以及对操作的约束及例外处理等。T 是数据模型的支撑要素,它是数据建模的工具和技术的集合。

数据模型是数据库系统与用户的接口,是用户所能看到的数据形式。它是衡量数据库能力强弱的主要标志之一。从数据库系统的观点看,数据模型是连接现实世界和计算机世界的桥梁,是对数据库框架的一种描述工具。而数据库系统是数据模型的计算机实现。

在数据库领域常用的数据模型有三种,即层次模型、网络模型和关系模型。

随着计算机应用领域的扩大,计算机介入了许多非传统的数据应用领域,如CAD/CAM、地理数据处理等,传统的数据模型(关系、网络与层次)对这些领域显然力不从心,因此,设计和实现面向特定应用领域的数据模型成为发展的必然。

2.1.2　数据结构

数据结构的概念,至今尚未有一个被一致公认的定义,不同的人在使用这个词时所表达的意思有所不同。一般认为,数据结构是相互之间存在一种或多种特定关系的数据元素的集合,是指数据记录的编排格式及数据间关系的描述。这也是ISO/TC211 对数据结构的定义。数据元素是数据的基本单位,在计算机程序中通常作为一个整体进行考虑和处理。数据结构设计的主要目标是正确地反映实体间的复杂关系,有效地解决庞大的信息容量与检索速度之间的统一。数据库设计就是把现实世界中一定范围内存在着的应用处理和数据抽象成一个数据库的具体结构的过程。

数据元素之间的关系称为结构,根据数据元素之间关系的不同特性,通常有下列四类基本结构：

——集合，结构中的数据元素之间除了同属一个集合的关系外，无其他关系；

——线性结构，结构中的数据元素之间存在一对一的关系；

——树形结构，结构中的数据元素之间存在一对多的关系；

——图状或网状结构，结构中的数据元素之间存在多对多的关系。

可将数据结构的形式定义为一个二元组：

$$\text{Data structure} = (D, S)$$

其中，D 是数据元素的有限集，S 是 D 上关系的有限集。

由此可见，数据结构从本质上看，就是描述非数值计算问题的数学模型。

2.1.3　数据模型与数据结构的关系

数据模型是数据结构的高层次抽象，而数据结构则是数据模型的具体实现。在数据库系统中，数据结构指的是按一定方式存储和访问数据的方法或程序的集合，而数据模型则是一般化的高度抽象的概念集合。数据库管理系统的作用主要是将数据模型的抽象操作映射为数据结构的具体操作。在数据库领域，数据模型即为数据库模型，数据结构即为数据库结构[8]，数据模型与数据结构之间存在比较明确的一一对应关系。

§2.2　空间数据模型

国内外 GIS 的发展主要靠"应用驱动"和"技术导引"。在国际学术界的 GIS 热点研究中，空间数据模型是 GIS 基础理论研究的重点。空间数据模型是 GIS 空间数据组织的概念和方法，反映现实世界中空间实体及其相互关系的联系，描述 GIS 空间数据组织和进行空间数据库设计的理论基础。

2.2.1　空间数据建模及其实现过程

空间数据模型与空间数据结构是数据模型与数据结构概念在 GIS 领域的应用特例。定义数据模型的结构与内容的过程称为数据建模。GIS 建模不但涉及语义建模，更主要的是还涉及纷繁复杂的空间信息的建模。而空间信息建模即使选定一种空间数据模型，也可通过不同的空间数据结构来实现。此外，为了完成空间信息与语义信息的连接，还必须选择适当的 GIS 设计模型。GIS 界的学者比较倾向于将空间数据模型与空间数据结构分成不同的抽象阶段，强调空间数据模型对客观世界现象或实体的概念性描述特征，而将空间数据结构看作空间数据模型的实现手段，强调其在计算机中的编码、存储与表现方法。

空间数据库的建立包括四个抽象层次，即：

　　——客观世界(reality);

　　——空间数据模型(data model);

　　——空间数据结构(data structure);

　　——文件结构(file structure)。

　　客观世界是欲在空间数据库中描述与处理的空间实体或现象。空间数据模型是以概念方式对客观世界进行的抽象,是一组由相关关系联系在一起的实体集。空间数据结构是空间数据模型的逻辑实现,是带有结构的空间数据单元的集合,往往通过一系列图表、矩阵、树等来表达。文件结构是数据结构在存储硬件上的物理实现。

2.2.2　空间数据库的结构体系

　　纵观国内外 GIS 研究和发展的状况,无论是针对具体应用目标进行 GIS 应用系统设计,还是研制 GIS 基础平台,均是以空间数据模型为基础的。就 GIS 平台而言,一个新的系统的产生总是从空间数据模型和空间数据结构开始的,例如:

　　——著名的加拿大地理信息系统是在 1973 年发明了 N 维空间数学的 Peano 数据模型之后建立起来的;

　　——ArcInfo 是在地理-关系模型(geo-relational model)基础上发展起来的;

　　——SYSTEM9 是在面向对象空间数据模型基础上建立起来的;

　　——法国 IGN,Cartographic Data Base Model 全国的 1∶5 万和 1∶10 万地图数据库是在超图(HBDS)结构上建立起来的;

　　——美国的 TIGER 是在 Corbett J. 二维单元结构的理论支撑下建立起来的;

　　——美国的三维地理信息系统(three dimensional GIS,TDGIS)是在八叉树数据结构理论下建立起来的。

　　总的说来,GIS 空间数据管理平台的设计思想可以分为以下三种情况:

　　1. **混合体系结构**(hybird design)

　　分别采用常规的数据库管理系统管理属性数据和专门的空间数据管理系统管理定位数据。若用关系型数据库管理系统管理属性数据,则成为地理-关系结构(geo-relational)。ArcInfo、MGE、GeneMap、SICARD 等就是采用这种思想。例如:ArcInfo 用 Info 管理属性数据,用 Arc 管理空间数据。

　　2. **扩展体系结构**(extended design)

　　采用统一的 DBMS 存储空间数据和属性数据。System9 和 Smallworld 采用这种方法。此法将空间实体划分为若干部分,用独立的关系表格存储,检索需要进行关系"并"的运算,在标准的关系数据库上增加空间数据管理层,将空间查询转化为标准的 SQL 查询,省去了空间数据库和属性数据库之间的烦琐连接,提高了系统的效率。

3. 统一体系结构(integrated design)

在开放型 DBMS 上扩充空间数据表达功能,不再基于传统的 DBMS。目前 Oracle 等数据库增加了支持空间数据管理的模块 Oracle Spatial 等,有待于进一步的研究和发展。

空间数据库是 GIS 应用系统基础的部分[13],关系到整个系统的运行质量和成败。它不仅影响着分析或显示模块对系统内数据的有效利用和存储效率,也影响着用户对数据库的概念。"空间数据库即把数据库概念介绍给地理学专家,把地理概念介绍给数据库专家"[14]。

2.2.3　空间数据模型的不同抽象层次

空间数据模型是空间数据组织的概念。它是真实世界实体与现象的抽象,即特定实体集与实体集之间关系的概括性描述,反映了现实世界中空间实体及其相互之间的联系,为空间数据组织和空间数据库模式设计提供了基本的概念和方法。空间数据模型的建立由逻辑视图和数学描述两部分组成。

空间数据模型可分为以下三种[15]:

——地理数据模型(geographical data model),以应用含义描述目标;

——几何数据模型(geometric data model),以几何含义描述目标;

——语义数据模型(semantic data model),描述目标的专题信息。

空间数据模型一般理解为由概念数据模型、逻辑数据模型与物理数据模型三个阶段或层次组成,也有学者将其分为四个层次,即外部数据模型、概念数据模型、逻辑数据模型与内部数据模型,或概念模型、数据模型、数据库模型与图形模型。从含义来看,四层次与三层次并没有本质的不同,只是将概念数据模型进行了更细的划分,将从真实世界选择特征以组织数据库的过程称为外部数据建模,或将数据模型强调为概念模型。

概念数据模型是关于实体及实体间联系的抽象概念集,逻辑数据模型表达概念数据模型中数据实体(或记录)及其相互关系,而物理数据模型是描述数据在计算机中的物理组织、存取路径和数据库结构。

空间数据模型是空间数据库模式(data schema)的基础,空间数据库模式是关于空间数据库数据组织的描述。空间数据模型为空间数据库模式设计提供了目标类型、数据操作算子和完整性规则等语法规则。其中目标类型是指空间数据模型能够表达的实体类型及实体间联系,包括空间实体本身的几何和非几何特征及两者之间的直接或间接关系。在设计一个空间数据库时,其所表示的空间目标是由所选定的空间数据模型决定的。算子是指可用来对数据库目标对象进行的检索、更新等操作,包括其定义、操作符号、操作规则及语言定义。完整性规则给出了数据模型中数据及其联系所具有的制约和依存规则,用于说明空间实体的几何和非几何特性之间的相互制约机制及限定时间序列的动态变化,以保证数据的正确、有效及相容性。

三种不同层次的数据模型简介如下:

1. 概念数据模型

根据人们对客观世界的认识方式,有两种认识空间世界的方法,即离散目标观点(object view)和连续场观点(field view)[16]。离散目标观点是把空间看成被明确的离散空间目标所干扰的区域,连续场观点是把空间本身看成是由明确的区块组成的空间顺序集[17]。

Goodchild 认为,Object 的概念在 Field 与 Object 的视图中均存在,区别在于前者中表达 Region 及 Segment 的 Area 目标与 Line 目标不能独立存在。将Object/Field 形式的表达方法转化为平面单值方程的过程称为平面强化(planar enforcement)。平面强化进一步将人们对空间现象或实体的理解简化为平面形式,以便于描述与表达[18]。这样就产生了目前普遍采用的基于平面图的离散目标点、线、面数据模型与基于连续铺盖(tessellation)的镶嵌数据模型(raster data model)。

1)平面图数据模型

平面图数据模型就是把现实世界的空间实体抽象地看作是由平面上的点、线、面空间目标组成的。点状目标的几何特征主要由空间位置表征;线状目标的几何特征由空间位置、长度、弯曲度、方位等表征;面状目标的几何特征包括范围、周长、重叠相交、连接、连通和包容等拓扑空间关系。

基于平面图的空间数据模型中,点线面目标的空间位置用采样点的空间坐标(x,y,z)来表示空间目标边界。其突出优点是容易定义目标且便于操作,能方便地表达地物之间的拓扑关系,图形精度高,数据存储量小。缺点是数据结构相对复杂,且难于处理叠置(overlap)操作,并缺乏与遥感和地面模型直接结合的能力。

根据对坐标数据的组织与存储方式的不同,矢量数据结构可分成面条结构(spaghetti data structure)和拓扑结构(topological data structure)两种形式。

在面条结构中,地图用一系列的坐标串表示,点对应于一个(x,y)坐标,线对应于一个(x,y)坐标序列,面对应于一个起点与终点坐标相同的多边形。这种结构数据结构简单,但是相邻多边形数据重复存储,造成数据冗余,且空间实体的拓扑关系必须通过在数据文件中搜索所有实体的信息并经过大量的计算才能得出。因此,该结构难以有效地进行空间分析,但是较适于地图制图等不考虑空间关系的桌面地理信息系统。

拓扑结构是将实体间的某些拓扑空间关系直接存储,以提高空间分析效率。

其优点是不通过坐标数据即可完成某些空间分析功能,从而大大提高系统的时间效率。但是该方法在对一个新的图形构筑拓扑空间关系表或者进行系统更新时,时间代价较大。一个具有代表性的拓扑数据结构是由结点与弧段、弧段与面之间的相互关系,构造结点和弧段的拓扑关系表。通过关系表判断线实体的连通关系(connectivity)和面状实体的邻接关系(contiguity)。该结构在空间数据组织、拓扑空间关系表达、数据模型的拓扑一致性检验及图形恢复等方面具有较强的能力,故而成为一些基于拓扑结构的 GIS 软件(ArcInfo,GenaMap,TIGER)在构模时广泛采用的数据结构。

2)连续铺盖数据模型

基于连续铺盖的栅格数据模型是将联系空间离散化,即用二维铺盖或面片(tessellation)覆盖整个连续空间。铺盖可分为规则的和不规则的,后者可当作拓扑多边形处理,如社会经济分区、城市街区等。铺盖的特征参数有尺寸、形状、方位和间距。对同一现象,也可能有若干不同尺度、不同聚分性(aggregation or subdivision)的铺盖。一般有:

(1)规则型铺盖。一般用方格(栅格)、三角形、六角形等完整铺满一个表面,属性明显、关系隐含,适于地图或图像的叠加等空间关系分析。缺点是位置表达精度低,难以建立地物间的空间拓扑关系。

(2)四叉树(quadtree)。四叉树是一种可变空间的空间数据模型,适于多层次空间表达。

(3)不规则三角形。用一些不相交的三角形面来表达空间目标(如地形表面等)。通过顶点、三角形边与面之间相互关系,反映地形表面空间目标之间的拓扑空间关系。与栅格结构的数字高程模型(DEM)相比,更容易表达复杂的地形情况,其所需的数据量较小。

(4)沃罗诺伊(Voronoi)图。沃罗诺伊是德洛奈(Delauny)三角网的对偶,是计算几何中一种基本数据结构。定义 N 个空间点作为 N 个生长点,按距每一点最近原则将空间剖分为若干个面片,并使每一个面片包含一个生长点,即将连续空间划分为沃罗诺伊图覆盖。沃罗诺伊图中每一空间目标唯一地被一个沃罗诺伊区覆盖,兼具了矢量数据模型下图形与空间实体一一对应和栅格数据模型对空间连续铺盖的双重特性,在 GIS 领域中得到了广泛应用。

在数据建模领域中,长期存在着矢量/栅格的争论。从数据建模的观点看,矢量与栅格的概念都是非常模糊的。矢量既可以是包含点、线、面的无结构 CAD 文件,也可以是连续铺满整个空间的等值线,或不规则的多边形铺盖,如泰森(Thiessen)多边形等。而栅格同样也可用于表达空间实体。二者与 Object、Field 之间并不存在严格的一一对应关系。矢量与栅格的概念具有强烈的数据结构色彩。在 GIS 业界,矢量与栅格更多地被看成是空间数据结构的两种基本类型。从

GIS 数据管理的角度上,倾向于将空间数据模型定义为用来管理和存储空间数据的数据库模型,如层次、网络、关系数据库模型等。事实上,矢量与栅格的概念既可用于空间数据模型层次,也可用于空间数据结构层次。Goodchild 和 Frank 等 1992 年甚至认为它们无法胜任概念数据模型对客观世界准确描述的要求,不适合作为数据建模的概念模型基础。

以上讨论的概念模型主要是几何概念模型[19]。语义数据模型在空间数据模型中一直没有得到足够的重视,其往往作为几何数据模型的附加项。从空间信息的语言学模型观点看,空间信息系统是语言单位(几何分布)、语法规则(空间关系)和语义规则(专题描述信息及非空间关系)三位一体形成的系统。语义数据模型与几何数据模型具有同等的重要性。语义数据模型用于描述空间实体或现象的包括非空间关系在内的专题信息,它可直接借鉴计算机数据库管理系统中成熟的数据库模型,包括层次、网络、关系模型及目前还在不断试验的面向对象模型等。

由以上讨论可以看出,在空间数据模型,主要是几何概念模型上,GIS 业界存在很大的分歧。这主要是因为一方面各人对抽象语义的理解有所不同,不同的现实世界观会导致不同的数据模型。另一方面,到目前为止,我们对空间信息本身的认识还是分散的、经验性的和非形式化的,这严重影响了数据模型的完备性。特别是针对 GIS 的需要,各种几何数据模型与语义数据模型往往交织在一起,共同完成对客观世界的描述,于是造成在空间数据模型上的混乱和不完备性[20]。

2. 逻辑数据模型

逻辑数据模型是根据概念数据模型所确定的空间数据库的具体内容(空间实体及相互关系)具体地表达数据项、记录之间的关系,因而有若干种不同的实现方法,一般分为面向结构模型和面向操作模型两大类。

1)面向结构模型

面向结构模型显式地表达数据实体之间的关系。层次模型是按树形结构组织数据记录,反映数据之间的隶属或层次关系。网状模型是层次数据模型的一种广义形式,是若干层次结构的并。

2)面向操作模型

关系数据模型是面向操作的逻辑数据模型,用二维表格表达数据实体之间的关系,用关系操作提取或查询数据实体之间的关系。哈佛大学研制的 ODYSSEY 系统采用了一种链模型(chain model),用线段表、结点表、多边形表和点表显式地表达线的中间点和端点。ArcInfo 商业化 GIS 采用这种方法,用关系表显式地表达和记录结点、弧段和面块之间的邻接关系、连通关系、组成关系等拓扑关系。

3)扩展数据模型

扩展数据模型将面向结构模型和面向操作模型的优点结合起来,将关系型数据库的灵活性和结构化网络模型有机地结合,在网络模型的基础上增加了系统集。坐标、结点、链、点、线、面均被定义为系统集元素。在系统运行操作过程中,可直接对各种类型的目标进行查询检索而无须逐层搜索。所有记录都有 ID,用于唯一地标示确定一个系统目标,每一个空间目标记录设置特征码,用以表达空间实体的分类信息。

有人认为面向对象的数据模型是结构化数据模型的一种,是把 GIS 需要处理的空间目标抽象为不同的对象,建立各类对象的联系图,并将各类对象的属性与操作予以封装。面向对象的数据模型是当前 GIS 空间数据模型的一个发展热点,但理论还尚未成熟[21]。

3. 物理数据模型

计算机处理的是二进制数据,逻辑数据模型必须转化为物理模型才能被计算机处理,即要设计空间数据的物理组织、空间数据存取方法、数据库总体存储结构等。

空间数据库的检索主要包括点检索、范围检索。点检索的对象是定位在空间的一个点上,范围检索的对象则落在某一任意形状空间范围内的所有目标。总体上,空间数据的物理存储结构有线性序列、块结构、树结构三类。在物理数据模型阶段,除了要考虑如何选择合适的矢量与栅格几何数据结构来实现所设计的概念几何模型外,还要考虑如何实现对专题信息的操作,即实现专题与语义数据模型的方法。空间数据模型的发展方向是综合性模型与定向性模型的结合,如果一个模型越能代表真实世界、越灵活,就越具有应用潜力;同时,如果一个模型越适合于应用目标、越单一,就越能充分利用计算机的存储空间,也就越有效率[22]。

2.2.4　空间数据模型与空间数据结构的关系

空间数据模型是用来使空间数据结构化的概念工具集合,其通过空间数据结构来实现。空间数据结构是指空间数据在计算机内的组织和编码形式,它是一种适合于计算机存储、管理和处理空间数据的逻辑结构,是地理实体的空间排列和相互关系的抽象描述,是对空间数据的一种理解和解释。空间数据结构提供了为空间数据模型而定义的操作,并将之映射到数据结构特定的代码上。空间数据结构是存储结构与相关操作的低层次的描述,重点在于如何达到所要求的效果。

2.2.5　地理数据模型进展

众所周知,GIS 认知的内涵是探索和回答现实世界的 4W-HR 问题[23],即 GIS 空间认知与空间建模进行空间查询、分析与应用,回答空间认知提出的 4W-HR 问题。对空间数据模型的认识和理解在很大程度上决定着空间数据库设计的成败,直接影响新一代 GIS 的研究和发展。空间数据模型一直是 GIS 国内外学术界的研究热点,其中时空数据库、空间关系、三维数据模型、多维动态数据模型、分布式空间数据库、空间存取方法等是目前国内外空间数据模型研究的前沿领域。

1. 时空数据模型

时间特征是现实世界地物的基本特征。长期以来,由于技术和理论发展的限制,发展的 GIS 模型和软件没有考虑空间实体的时间特征[24]。而空间实体及其相互关系是随时间而变的,表现为三种形式:一是属性变化,空间坐标不变;二是空间坐标变化,位置不变,这种变化可能是某一实体发生变化,也可能是空间实体的关系发生变化;三是空间实体的坐标和属性均发生变化。因此如何有效地管理组织时空变化数据一直是国内外 GIS 界面临的难题[25]。目前时态 GIS 在时空数据的组织与存取方法、时空数据库版本问题、时空数据库可视化等方面的研究有了一定的进展[26]。国内外提出的时间片快照模型(time-slice snapshots)、底图叠加模型(base map with overlay)、时空合成模型(space-time composties)等模型在一定程度解决了某些时空数据管理的问题。但基本上是将时间作为附加属性予以管理,没有从根本上解决空间实体的时间变化问题。例如,当空间实体的空间关系随时间变化时形成新的时空拓扑关系。目前对这种时空拓扑关系机理和规律的研究还未真正开始[27]。而且现有的各种时空数据模型主要表达空间实体随时间变化,没有顾及导致状态变化的时间的执行者,没有集成表达决策主体、事件,及其因果关系。

2. 三维空间数据模型

GIS 以平面强化的二维图形来表示真实的三维世界,处理真三维空间信息比较困难。尽管使用不规则三角网(TIN)、DEM 和样条函数表示非规则的曲面,但在同一点(x, y)上只有一个 Z 值,因此仅能表达 2.5 维空间数据。

目前国内外对三维空间数据模型的研究主要有三个方向[28]:基于面的模型,如格网结构(grid)、边界表示 B-rep(boundary representation)等;基于体模型,如三维栅格(array)、八叉树(octree)、实体结构几何法(CSG)、四面体格网(TEN)等;三是前两类的集成模型。

Hunter 提出了八叉树概念后,在相当一段时间内,研究工作主要集中在以八叉树为代表的三维栅格数据模型以及 CSG 和 BR 模型在地学中的应用[29]。近年来,主要研究方向集中在矢量数据模型和多种数据模型的集成以及基于这些模型的处理算法上[30]。Bak 和 Mill 提出的地学资源管理系统(GRMS),包含有面(surface)模型和体(solid)模型,用表面三角形剖分与线性八叉树编码来构建三维对象。Molenaar 提出一个形式化三维数据结构 FDS,在这种数据结构中,定义了点、线、面、体和空间位置、形态、大小及拓扑关系,但只考虑了空间对象的表面划分,不能有效地表达对象的内部结构。穆泽尔(Mulzer)、维克托(Victor)和皮劳克(Pliouk)等提出基于点 TEN 的三维矢量数据模型,它是对 TIN 模型的扩展。该模型中,定义了点、线、德洛奈(Delaunay)三角形、德洛奈四面体来表达空间对象[31-32],同时定义了这些单元体间的空间关系。该模型能有效地进行插值运算和实现图形的可视化,但在对象的表面划分方面有所不足。李德仁等在对 GIS 中多种数据结构进行分析的基础上,发展了三维行程编码方法,完善了有关四面体格网的理论和算法,提出了一种基于八叉树四面体格网的混合数据结构以及基于混合数据结构的三维 GIS 概念。龚健雅等以矿山应用为背景,深入分析了三维空间信息系统所涉及的空间对象以及它们之间的联系,提出了几种新的空间对象类型,探讨了用矢量与栅格混合的数据结构以及面向对象的数据模型来表达各类三维空间的对象。

　　尽管国内外的研究取得了一系列成果,但是三维数据模型在三维空间数据获取和三维重构、三维数据可视化、三维拓扑等方面存在的问题[33],使三维空间数据模型尚处于试验阶段,没有达到实用程度。

3. 动态数据模型

　　现有的拓扑模型和人们的认知有很大的差距。邻接、连通、包含等拓扑关系可以从几何数据中派生出来。因此可以在 GIS 中不存储空间拓扑,而根据空间目标的几何数据推断其间的空间关系。这个发展方向就是动态 GIS。

　　平面图数据模型依靠点、线、面之间的空间拓扑维护某些临近关系,但这种拓扑数据结构难以描述侧向临近[34],如马路上房屋和马路相邻,但空间上不相连。用线段交叉法判断空间目标的侧向临近,不仅要花费较长的检索与处理时间,而且需要将一些面状实体处理为多边形。事实上,空间实体往往是点线弧段,用拓扑结构难以处理侧向临近的关系。

　　加拿大拉瓦大学的 C. M. Gold 教授于 1991 年提出利用沃罗诺伊(Voronoi)图解决以上问题。沃罗诺伊图动态 GIS 的基本思想是空间数据建模时不考虑存储拓扑关系,只存储空间实体的几何位置及其属性,在需要拓扑时,根据空间目标的几何图形数据,生成相应的局部沃罗诺伊图,动态地判断拓扑关系及其他空间关系,有效地减少数据运算量,提高时间空间效率。沃罗诺伊图清晰地表明了空间实体的侧向临近,克服了线段交叉法存在的问题,又使得对空间目标的操作成为局部操作,空间实体(行进中的车辆,矢量化中的鼠标)能够在行进中动态地确定相邻空间目标、障碍物等,因而具有动态特性。

　　该模型支持动态插入、删除、移动和空间关系的变化和重组等,在空间数据处理、空间分析等方面有重要作用,Wright 和 Goodchild 认为动态 GIS 是未来 GIS 发展的一个重要方向。

4. 分布式空间数据模型

计算机软件发展的主流思想就是分布式计算,充分利用散布在各地的计算机资源完成同一个复杂任务。分布式数据库将数据存放在多台机器上,通过调度软件实现数据的分配和融合。网络技术是分布式计算和分布式数据库的基础技术。分布式空间数据模型就是研究在分布式空间数据库上的如何分配、存储、调度等空间数据的模型。利用计算机网络对分布各地的不同数据库进行分布处理,将分散的空间数据库联为一体。

分布式空间数据模型要解决的关键问题是空间数据的分割、分布式查询、分布式并发控制,将非均质的空间数据库联为一体,形成联邦式空间数据库管理体系,向用户提供统一的视图。国内外学者提出了许多分布式空间数据模型,如国内龚健雅等提出基于超图结构的分布式空间数据模型等,尽管在理论上有了一定的进展,但在实际应用上还存在一定的困难。

5. 语义模型

现有的空间模型基本都是基于空间实体的几何特征,没有考虑空间实体之间的语义联系。关系模型极大地推动了数据库技术向前发展,但很少考虑用户对数据的理解,主要提供一致的、高效的数据库存储和检索所依赖的物理结构的设计,缺乏数据抽象能力,在应用中将大量的设计工作留待用户完成。语义数据模型旨在进一步提高关系数据模型的层次,尽量使用户从数据库的物理细节中脱离出来。为此,国内外相继开展语义数据模型的研究工作,开发出如 SAM、E-R 等语义模型。

语义数据模型所关心的是用户对数据的理解和数据库技术的支持两个方面。语义数据模型除了描述对象及其间的联系和其动态外,必须支持数据抽象。语义模型所提供的各种各样的数据抽象工具使得终端用户或程序员能在更高层次上操纵数据,同时,一些抽象工具也用于动态模拟[35]。语义数据模型是一种在更高抽象层次上的模型,从数据库应用角度考虑,它可以在现有关系数据库基础上进行开发来实现。

语义数据模型的设计一般采用特征-属性-属性值的模拟方法。该法基于地理特征方法支持,将某一类地理现象定义为地理特征,将地理特征抽象为语义模型中的对象或实体,利用对象之间的属性关系、继承关系、聚合和概括等关系,构造关于地理现象的静态模式,进而实现动态的模拟。

目前还没有被公共认可的反映地理系统基本信息结构及动态行为的 GIS 语义数据模型。语义模型在以下几个方面有待于进一步研究:地理数据语义模型设计的方法论研究、地理对象体系的建立和实现、空间关系的语义表达、语义数据库的开发和地理数据描述语言等。

6. 专有 GIS 模型

上述模型均是研究通用的 GIS 模型,GIS 平台提供的功能也是大而全,往往行业 GIS 只需要用到一小部分功能,但通用的 GIS 模型在解决特殊行业应用如交通、电信、电力等应用时又显得力不从心。"应用驱动"仍然是 GIS 发展的动力,城市管网等行业应用本质上是在逻辑网络层次上管理空间数据,几何数据仅仅作为设备管理时的图纸资料使用,诸如管理迫切需要的综合调度、实时控制等功能对空间实体的几何特征依赖不大。庞大的 GIS 平台造成资源的浪费,运行效率低下,且其底层数据结构对用户非透明,用户难以对数据进行重新组织,数据维护管理困难。因此针对特殊应用而构建行业 GIS 模型,有其内在的必要性。由于交通网络的复杂性和解决交通拥挤的迫切性,目前国内外学者对交通网络的行业模型研究较为深入,提出多种 GIS-T 空间数据模型,如线性参考基础上的动态分段、基于特征的数据建模、基于车道的建模等[4]。国内外学者在提出相应模型的基础上进行了应用化开发,取得了一定的成绩,但是目前对多层立交、分段限制等问题没有提出统一的解决模型,基本上作为特殊情况处理,真正实用的 GIS-T 模型还没有出现。

国内外针对城市管网数据模型的研究文献较少,基本上在 ArcGIS 或其他平台软件提供的框架内作局部的改动,提出了基于动态分段、基于 Geodatabase 的几何网络的改进应用,但没有从根本上解决管网管理亟待解决的逻辑图形自动抽取、管网数据的智能化维护、复杂网络的空间分析等一系列问题。因此研究新型城市管网 GIS 模型显得尤为迫切。

§2.3　管网数据模型研究

2.3.1　地理网络

1. 地理网络概念

地理网络迄今为止没有统一的定义,其研究对象一般都是有形或无形的网络实体和网络现象,包括水系网络、地下管网、信息传输网络、交通网络等。地理网络抽象为点、线二元关系组成的网络系统,即线状设施和点状设施的集合体,其中点状设施起着举足轻重的作用。资源在网络系统中传输,形成了社会生活的骨架,地理网络的根本问题是研究一项资源如何在网络中配置[36]。以交通网络为代表的地理网络特征的表达与分析已成为地理信息科学一个重要的研究领域。

地理网络模型是对地理网络现实世界的抽象表达,即在数据结构层次上表达地理网络。长期以来认为地理网络的本质是线状目标,是在弧段基础上生成的。弧段在构建网络以前不具有地理意义,是通过结构化的组织生成了目标意义的网络体系。由弧段构建网络的过程表现为分解与合并两个方面，弧段的一部分作为边参与网络的生成，或者多条弧段合并成一条边参与网络的生成。构成一个地理网络的元素可以分为地理网络链（或地理网络边）、地理网络结点、站、中心、拐角和障碍等，且地理网络中的每一类元素都有相应的属性。

2. 城市管网与交通网络

城市管网是一种重要的城市地理网络，负责水、气、热等生活必需的流动资源的配置。交通网络作为另外一种复杂的地理网络，和城市管网网络同为点线二元关系组成的线性网络，但是交通网络和城市管网有本质的不同。

1）分段、分时与障碍限制

城市管网输送的介质在某一时刻运行的路线是根据行业规则和运行模型预先规定的，最短或最优路径分析的结果未必是实际的资源配置路线，介质压力是资源流动的唯一动力。对管网的障碍只能是开关等开断设备，无法分时、分段进行资源的传输限制。交通网络上资源的流动有很大的随意性，交通路线往往进行分时限速、分时禁行、转弯障碍等，而且运行路线受随机发生的道路状况限制而无法事先预定。从一处到另一处的运行路线由人为因素控制。

2）复杂立交

复杂立交的情况使交通网络更加复杂，人们针对多层立交进行了大量研究，提出了许多模型对复杂立交建模。由于立交桥种类和限制的多样性，还没有一种通用的处理复杂立交的实用模型，一般都是针对特殊立交单独处理。城市管网不存在类似多层立交的问题，即便是有跨越、交叉等出现，可以通过是否生成节点、节点在某一方向上的障碍来处理。

3）实时拓扑

交通网络的障碍参数是实时设置的，但是网络拓扑是基于静态的路网的几何特征，目前提出的基于车道的建模结合动态分段较好地解决了障碍限制（如禁止左拐、单向行驶等）。城市管网的拓扑受实时运行参数的限制，在紧急事故发生时，通过人工调度如负荷转移等进行网络重构。城市管网的拓扑不再仅仅依靠静态的管网几何特征而是结合当时的设备运行工况动态调整。

由于城市管网和交通网络的本质不同，交通网络的模型不能直接被城市管网使用，但是针对交通网络模型的研究较多，其许多算法和建模思想可以借鉴。

2.3.2　城市管网网络模型

城市管网作为 GIS 应用的重要领域，Esri 等国际著名的 GIS 软件厂商在其拓扑数据模型的基础上，发展了基于线性网络的应用模块。在 Coverage 数据模型（格式）技术上利用构造路径（route）和动态分段（dynamic segment）技术解决管网管理的网络分析和拓扑管理。Geodatabase 模型出现后，Esri 公司提出了在同一地理参考的数据集上对网络进行线性建模，利用几何网络、逻辑网络等概念实现管网管理的空间分析、动态调度等要求。

1. 路径与动态分段

管网数据在数据录入和编辑时的第一个问题便是如何给空间实体赋属性。基于平面强化的弧段-节点拓扑关系模型，对属性分段不一致的线状管网赋值，一般采用以下方法[37]：按不同的属性分段划分管网的管段，将管线分成最小的属性相同的不等段；按等长度对管网分段，段内以采样点值代表管段的值；不同属性的管段分为一层。不管是用哪一种方法分段，数据维护工作十分烦琐且精度难以保证。为保证属性值在某一管段的唯一，势必将一条完整的管线分为若干段，造成数据冗余降低空间分析的时间效率，而且往往属性的分隔点难以准确定位，造成数据精度的人为降低。例如对一条管线矢量化，可供选择的分隔点有：管网交叉点、材质变化点、埋深变化点、权属单位变化点、特征点（阀门、消防栓、人孔等）等。由于城市管网的多重属性表达（图 2.1），管网分段根据不同的需要可能继续细分，由于存在未知的分段需求，管网分段几乎没有标准可循。而且基于以上标准的分段，在数据变化时往往需要修改数据库，这使数据库维护变得十分困难。静态分段的方法依据属性差异或拓扑关系将一个线状特征分割成多个相互独立的弧段分别存储，不利于对线状要素作为一个整体进行操作，对线状特征的整体操作必须检索所有的弧段，也难以描述地理现象沿线状要素的变化[38]。

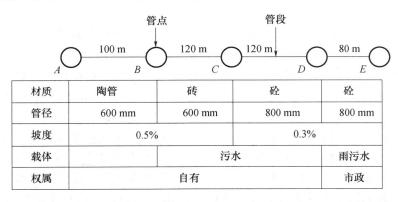

图 2.1　排水管网的多重属性表达

鉴于以上静态分段存在不可逾越的问题，戴维·弗莱特 1987 年提出了动态分段（dynamic segmentation）的思想，动态分段方法不是在线状要素沿线上某种属性发生变化的地方进行物理分段，而是将属性的沿程变化存储为独立的属性表（事件属性表），在显示和分析过程中直接依据事件属性表中的距离值对线状要素进行动态逻辑分段。ArcInfo、TransCAD、MGE 等各都提供了基于动态分段的数据模型。

　　动态分段实质上是建立在弧段-结点数据结构上的一种抽象方法,使用弧段、段(section)、路径(route)、事件(event)等实体,建立动态段与弧段-结点模型的映射关系。路径、度量(measure)和事件是动态分段三个基本元素[39]。

　　1)路径

　　路径是指一个有序的弧段的集合,是定义了属性的线形要素。路径由段组成,而段对应着一个弧段或弧段的一部分。段的起止点不一定与弧段的起止点一致,正因为如此,可以在更大的尺度上采集管线数据。

　　2)度量

　　每个路径都与一个度量系统相关,分段线性要素是由沿路径的一个起始值和其他值共同组成的,分段的属性(或称事件)等是根据这一度量标准来定位的。

　　3)事件

　　事件是指路径的一个部分或某个点上的属性,这些属性是用户定义的,并且用路径的度量来表示。事件分为三种类型:线事件是用两个度量表示一个区段的属性;点事件用一个度量来描述路径系统中具体点的属性;连续事件用一个度量表示一个区段的结束和一个区段的开始。

　　动态分段具有如下特点:

　　(1)无须重复数字化就可进行多个属性集的动态显示和分析,减少了数据冗余;

　　(2)并没有按属性数据集对管线进行真正的分段,只是在需要分析、查询时,动态地完成各种属性数据集的分段显示;

　　(3)所有属性数据集都建立在同一管线位置描述的基础上,但数据组织独立于管线位置描述,易于数据更新和维护,并可进行多个属性集的综合查询和分析。

　　动态分段以线性参照系统(linear location reference system,Linear LRS)为基础解决多属性表达问题[40],以固定位置＋偏移量的方法来定位线性特征,例如某条供水管距水塔2千米处发生故障。管线中的某些客观特征可以表示为与网络路径(route)相关的点事件和线事件。线性参照系统与动态分段技术的结合成功解决诸如多重属性的要素的操作[41]、事故位置的快速定位等。但是动态分段仍存在如下缺点:

　　线性参照系统在交通路线的里程桩号处理、不同公交线路重叠的多重属性表达等方面显示出其优势[42],但是城市管网管理一般不依据距某特征点多少距离定位[43]。伏玉琛等2003年提出了点定位参照系统,以特征编码＋点序号(FeatureID＋VertexNo)定位具体的位置,该系统比较适合配电、电信等管理部门的真实情况。

　　基于 Coverage 模型的动态分段技术，受到 Coverage 模型本身的限制。Coverage 是一个完成的数据集，每一次改动都要进行拓扑重构，并且拓扑规则不允许出现例外，这与管网的实际情况不符。模型将数据和行为分离，不能以规则实现智能化特征。

　　动态分段是在静态分段基础上以弧段构造的虚拟目标，不是 Coverage 真实目标。描述整个路径系统的属性存储在路径属性表和事件表中，基于路径的操作实质是关系表的操作。度量是基于地理位置沿路径方向的运算，得到的结果映射回原有的 GIS 数据。基于虚目标的操作，增加了计算量，而且使某些基于实体的操作无法实现。

　　动态分段实质上是建立在弧段-节点数据结构上的一种抽象方法，在不改变原有空间数据结构的条件下，方便地处理与表达多重属性关系。但动态分段技术只能完成特征的多重属性数据管理，即查询及事件叠加分析等操作，因为采用动态分段技术建立的特征目标只是通过映射形成的虚体，并非真正的特征目标。处理网络特征一个比较完善的方法是，允许通过动态分段方法建立的虚拟目标拥有实体目标的特性，即一切可以用于实体目标上的功能也可以应用到虚拟目标上，在本质上就是将虚拟目标转换成实体目标，这就需要对弧段-节点数据结构进行改进，寻求合适的拓扑关系表达方法。

2. Geodatabase 的线性网络

　　Geodatabase 是面向对象的第三代地理数据模型，通过赋予其自然行为及拓扑规则使 GIS 数据集中的特征更加智能化，实质是建立在 DBMS 基础上统一的智能化的空间数据库。面向对象的建模通过自定义对象类型、空间拓扑、空间关系使地理建模更自然地描述特征，将现实空间世界抽象为由若干对象类组成的数据模型，每个对象类有其属性、行为和规则，对象类间又有一定的联系。用户可以在已有的空间数据模型之上，建立符合应用需求的扩展模型。因此，它不仅更接近于人类对地理空间世界的认识，而且还具有较好的客户化能力和可扩展能力。

　　Geodatabase 模型有如下优点[14]：

　　(1)地理数据统一存储。Geodatabase 在逻辑上统一了 ArcInfo 以往空间数据模型，为上层应用提供了统一的接口，不仅可以表达关系型数据库的地理数据，又将 Coverage 和 Shape 格式的文件统一表达。每一个特征成为数据库的一条记录，充分利用数据库的功能实现多用户并发操作和数据备份、数据同步等，提高数据的安全性。特征的几何形状仅是记录的一个字段，空间数据和属性数据在统一数据库表中，改变了传统模型中两者通过共同的 ID 号连接的手段，该模型是真正意义上的地理数据库。

(2)基于规则的智能化特征。Geodatabase 通过规则附加行为限制地理数据编辑,依靠智能验证保证数据的精确性。行为使使用者面对的不再是点、线、面,而是具有地理意义的线杆、水井、道路、河流等。可以设定变压器必须与电线杆接触以及通过电线杆与架空线正交;可以移动电线杆而不移动水井;可以设定高压管线必须通过减压设施和低压管线连接等。通过子类、域、验证规则保证特征行为的智能化。

子类:子类是特征类的次一级分类,主要用于对象的分组。通过子类表达相似的对象和特征而不必建立多个特征类,使用子类而非特征类区分特征有利于提高 Geodatabase 的性能。

属性域:属性域是对属性的约束,限制属性字段的取值在合理的范围内。值域根据字段的类型而设定不同的取值规则,如设定管径在 100~4 000 mm,管段的权属在已知的单位之间选择。Geodatabase 允许输入无效值,进行属性验证时无效值突出显示,用户根据具体情况决定无效值的处理方法。

验证规则:验证规则确保特征和属性的完整性,包括属性规则、连接性规则和关系规则。属性规则应用于子类的属性域。连接性规则设定用于相连的网络特征子类的属性值的正确对数,例如一条 ABC 相位的电线可以与一条拥有 AC 相位的下游线路连接。连接性规则有边接合规则(edge-junction rule)、边边规则(edge-edge rule)、缺省接合规则(default junction rule)和边接合度(edge cardinality)。关系规则约束原始类和目标类间的基数,例如限制 1 个水龙头只能服务 30 个用户,1 个线杆最多可以装 2 个变压器等。

(3)灵活的拓扑。Coverage 在同一特征类之间建立拓扑,无法指定不同类之间的拓扑规则,而且拓扑关系被完整地保存,任何局部的修改都要对整个特征类进行拓扑重构,并且 Coverage 中拓扑定义十分严格,不允许有例外,给实际工作带来了很大不便。例如我们设定 100 mm 的水管须通过变径接头和 200 mm 水管连接,但已建成的管线未必遵循此规则,这不是拓扑错误,只能置为拓扑例外。Geodatabase 不存储拓扑,拓扑在要素类的不同要素之间或者不同要素类之间定义,拓扑关系在数据编辑时动态监测,形成局部的有选择性的拓扑以提高效率。

(4)线性网络。Geodatabase 对网络拓扑描述非常丰富,在网络编辑时动态维护拓扑关系,从而避免拓扑重建这一费时的工作,并引入复杂网络、复杂节点来解决线性网络存在的问题。

作为数据模型的领导者,Geodatabase 使用线性网络来描述城市管网等地理网络模型,以几何网络和潜在的逻辑网络对市政管网进行建模。

1)几何网络与逻辑网络

Geodatabase 以几何网络和逻辑网络来表示一个线性系统。几何网络是一个由边和接合(junction)①组成的特征群,以纯几何的观点看待地理空间,将地理空间抽象成几何对象的集合。几何网络对象描述了地理要素的形状、空间位置、空间分布,以及空间关系等信息,并封装了对这些信息进行操作的空间方法。

逻辑网络在几何网络概念模型的基础上,用计算机能够识别的形式化语言来定义和描述现实世界的地理实体、现象以及相互关系。每一个几何网络均对应一个逻辑网络,它是一个幕后的数据结构,存储边线和结点的连接关系。当一个几何网络生成时,一个逻辑网络将自动产生和维护。其实质是一系列描述特征的连接表,是进行网络分析的基础。几何网络、逻辑网络的对应关系如图 2.2 所示。

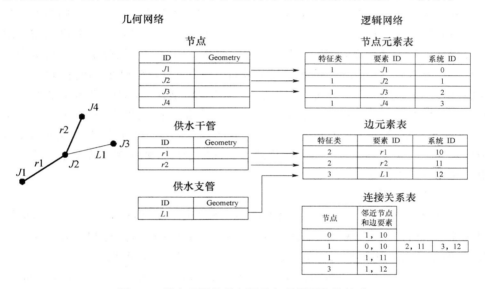

图 2.2　城市管网的几何网络与逻辑网络的关系

2)简单边与复杂边

简单边与逻辑网络中一个独立的边是一一对应关系,适于网络中简单的部分,但这种简单网络特征处理边缘分割等情况有局限性。复杂边与网络特征间的要素是一对多的关系,类似于动态分段的路径②,几条边构造一个逻辑上的管理单位。在管段上增加设备时,如果使用简单边,一个独立的特征被分成许多特征以便与其他特征相连接,这对于许多数据库来说或许是不可行的,因为会导致数据的细碎化和行为规则的复杂化。复杂边可解决细碎化问题,它允许接合位于沿着边的方向

---

①　接合概念来源于 Michael Zeiler 的 Modeling Our World 的技术报告,原文使用 junction 一词,本书译作接合,在后续行文中不严格区分节点和接合的提法,无论参与构建网络前后,均称为节点。

②　动态分段中的路径由多个弧段构造,路径的起止点不一定刚好和弧段的节点对应。复杂边实际是几条弧段的映射,起止点对应于弧段的节点。

上的任何位置,同时并不产生新的特征。一个复杂边特征的集合网络为每个复杂边特征创建了许多边要素。

3)简单接合与复杂接合

简单接合与网络中一个独立的节点相关联,复杂接合与逻辑网络中一定数量的边和接合关联,这些边和接合相互连接,可以被组织在任何网络中,边和接合的特征群作为一个接合参与构造内部网络。典型的复杂接合有配电网络中的分支箱、给水管网中的水泵站等。使用复杂接合进行网络建模是理想化的做法,必须在 Geodatabase 基础上自定义特征并指定在网络中存储复杂接合的规则。

复杂接合理论上解决了不同尺度下一个地物作为节点还是作为子网络参与构建网络的问题。在逻辑管理上它作为一个独立的设备,在空间分析上仍然需要追踪边和节点的连接关系,实质是以子网络参与整个网络的空间分析。复杂接合必须自己扩充符合 ArcInfo 类扩展结构的软件代码,具有灵活性的同时使软件不会在底层集成,违反了 Esri 公司一直推崇的 GIS 应用是在 ArcGIS 平台上的配置而非大量开发的理念。同时国内外尚没有基于复杂接合的工程实例,也未见文献报道,Esri 公司也没有给出基于复杂节点的示例,而且 Esri 公司在其网站声称用复杂接合解决问题并不是优先推荐的模式。因此复杂接合能在多大程度上解决工程中的问题且难以定论。

3. 现有管网模型存在问题

动态分段技术和 Geodatabase 的线性网络解决了地理网络存在的许多问题,国内外学者研究较多,现有的算法也比较成熟。目前在城市交通和市政网络使用普遍,但是两者在城市管网应用中还是存在许多难以克服的问题。

基于线性参考的动态分段技术成功地解决了城市管网的多重属性表达问题。与交通网络的管理截然不同,城市管网的管理一般不以距离特征点的距离作为定位的手段,而是以节点(特征点)作为定位的基准。城市管网管理的目标不是各种线路(弧或由弧组成的链)而是线路上的设施(点)。

Geodatabase 以网络进行线性建模,并提出复杂边和复杂接合的概念,试图从逻辑层面解决地理网络存在的问题。同样,网络模型是基于高度抽象的地理网络,综合考虑各种网络(市政、交通)的共性,在数据编辑上以规则来定义智能化特征,没有从管理的层面上和行业管理模型紧密结合。将网络的边认为是构成网络的核心要素,从几何图形的角度上考虑问题,而没有从用户管理的层面上将节点作为管理和数据集成的核心要素。复杂接合的概念试图在不同尺度上解决节点与子网络的对应问题,但从理论上看在空间分析时复杂接合是以子网络的形式参与,没有时间效率上的提高。而且迄今为止尚没有文献和工程实例证明其优越性。

现有模型对数据准备要求较高,尽管有智能化的规则来保证线路和设备连接的正确性,但在数据维护更新时仍然需要做大量的工作。数据的不准确往往导致空间分析和管理出现歧义。

真正的管网管理是在逻辑的层次上对重要设施的管理,只有在需要空间定位时才关心设备的具体地理位置。大量的管理工作并不关心实际的地理方位,仅仅关心设备之间的逻辑关联关系。现有模型难以自动抽取用户感兴趣的重要设备,例如配电管理中最重要的是保证供电的可靠性,调度员管理的界面是开关的逻辑示意图而非几何形状,实际开关的变动并不能自动在示意图上反映,这使逻辑网络重构困难,增加用户负担且容易出现差错。ArcSchematics 的推出从工程的角度解决了逻辑图和地理图的自动对应,但不是从底层维护两者的统一,实际几何网络的拓扑重构和示意图的拓扑非无缝连接,实质仅仅是图纸形式上的统一。

数据结构对用户非透明,数据集成依旧是传统的集成方式,用户只能在外围通过共用字段实现与其他数据的连接,而和用户最为关心的实时数据集成较为困难。拓扑结构只是根据静态的几何数据进行,没有考虑管网的实时运行参数会改变管网的拓扑结构和空间分析结果的现象。

因此,要求我们在保留上述管网模型结构优点的基础上,紧密结合城市管网的特点,从用户的角度、管理的角度提出新的数据模型。新模型既要便于用户理解和接受,又要彻底解决现有模型存在的问题。本书在充分调研城市管网管理特点的基础上,认识到节点的核心作用,提出以节点为管理和构造网络核心元素的有向节点的数据模型,以解决城市管网数据模型和管理中存在的问题。

§2.4 本章小结

数据模型是对数据和信息的模拟和抽象化表示,数据结构是数据模型的具体实现。空间数据的模型和结构一直是 GIS 研究的重点。GIS 中的空间数据模型经历了 CAD、Coverage 和空间数据库三个阶段的发展。空间数据库是当前 GIS 研究的热点,有三种不同的体系结构:地理关系结构、扩展结构体系和统一结构体系。

空间数据模型可以抽象为概念数据模型、逻辑数据模型和物理数据模型,三个不同层次的数据模型表示了人们认识世界、提出问题和解决问题的思路。

GIS 认知的内涵是回答现实世界的 4W-HR 问题。空间数据模型的研究热点是时空数据模型、三维或多维空间数据模型、动态数据模型、分布式数据模型和语义模型。针对各自的应用领域,许多专业化的空间数据模型也相继涌现,如 GIS-T 模型、几何网络模型等。

城市管网作为一种特殊的地理网络与交通网络相比有其本质不同,GIS-T 的模型只是给管网网络模型的研究提供借鉴而不能直接引入。基于线性参考的动态分段较好地实现管网网络的多重属性表达和事件叠加分析,但是动态分段建立的特征目标是通过影射而成的虚拟目标,许多基于实体的功能无法在虚拟目标上实现。Geodatabase 的几何网络将数据统一存储,通过规则实现了特征的智能化,但是几何网络针对地理网络的共性进行抽象和操作,没有考虑到城市管网的特性。管网管理的主要目标是各种抽象为节点的设备,而非抽象为边的各种管线。地理网络将节点和边作为几何网络的基本构成要素,并且强调以边为中心进行网络分析,与管网管理的实际情况不符。

　　管网管理是一种逻辑层次上的管理,综合调度系统更关注设备之间的逻辑关系,仅在地理定位时才需要设备的具体地理位置,因此需要提出一种新的模型,突出以节点为管理核心的行业特点,在节点的基础上展开行业应用和综合决策。

第3章 管网空间数据的有向节点模型

§3.1 城市管网管理的本质:节点

如前所述,城市管网 GIS 模型均是在通用空间数据模型的基础上进行行业化应用,通用数据模型是综合多种应用的高度抽象,并不适合城市管网 GIS 的管理和应用模式。动态分段技术使进行管网数据准备时,不必过于关注管线如何分段、何处分段等无标准可循的工作,在弧段的基础上构造不一定以弧段节点为起始点的路径,解决了管网的多重属性表达问题。Geodatabase 的网络模型加入验证规则、域控制和动态局部拓扑,从数据一致性和有效性、空间数据分析、用户模型的扩充等各方面解决了管网管理的诸多问题。但是 Geodatabase 的网络模型是基于各种地理网络如交通网络、水系网络、市政网络的共同特征的线性建模,其空间分析的实质是图论的各种算法。受数据模型平面强化的影响,动态分段和线性网络均是以弧段作为建模的基本元素,认为抽象为点状目标的各种设施是附属于弧段的零维要素,这不符合管网 GIS 管理的实际模式和内在要求。管网管理关注的不是设备之间的连接线路,而是各种运行中的设备和控制设施。

以下分别以几种常见管网的地理图形及用于综合调度管理的设备连接示意图来说明配电网、排水管网和供水管网管理的关注点和基本管理模式,用以说明节点在管网管理中的重要性,其他管网的情况与之大同小异。

3.1.1 配电网几何图形与管理要素

城市管网中的电力线路一般是 10 kV 及以下的电压等级,由配电线路(架空线、电缆)和配电变压器组成。配电管理的对象包括变电站、开闭所、线路、杆塔、变压器、开关、刀闸以及连接在电力设备上的各种用户单位等[44],其相互关系如图 3.1 所示。

在设备调度和运行管理中,一般仅使用和设备相关的设备关系明晰、连接结构明了的设备连接示意图,以突出重点、方便管理[45],如图 3.2 所示。

城市配电网络从图形上看为环网和枝状网络结合的结构,对重要的供电线路以手拉手方式构建形式上的环网。如图 3.1 和图 3.2 中,KG3、KG7 为联络开关,根据配电原理正常运行时为断开状态,因此,形式上的环网在运行时仍是树状结构。故障发生时依靠不同开关的开合重新调整供电方式,进行实时网络拓扑重构,如 KG2 和 KG3 之间某处发生故障,检修时只需将 KG2 断开即可。如果 KG1 和 KG2 之间发生故障,则需要将 KG1、KG2 和 KG4 均断开而合上 KG3 和 KG7 以保证整个配电网受停电影响用户最少。KG3 和 KG7 的合闸实际上进行了负荷转移。根据用户载荷分配线路是实际电网运行所考虑的基本因素。

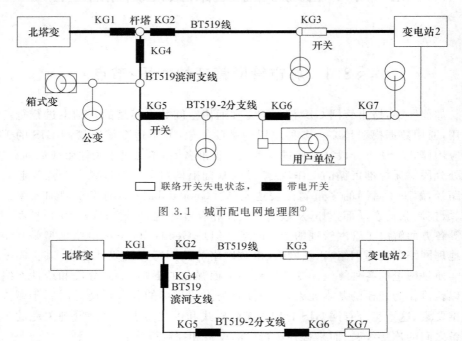

图 3.1   城市配电网地理图①

图 3.2   城市配电网设备连接图

城市配电网管理的主要目的是保证电网的正常运行,提高供电的可靠性。供电可靠性和人民生活密切相关,是考核供电部门的首要因素。调度员在进行电力设备的运行状态转换(如开关的开合等)时,首先考虑的不是具体设备的地理位置,而是它们的逻辑拓扑关系。就我国而言,电力企业的信息化程度普遍较高,一般的地市级以上的供电管理部门均有配电调度自动化系统,以上的操作基本上是自动完成。

调度员是电力部门非常重要的岗位,他们使用的是类似图 3.2 的示意图。检修维护人员直接和电力设备接触,他们经常使用的类似图 3.1 的地理图。在遥控操作不成功时,调度员下达的操作票和命令票上不仅有具体的操作步骤还有具体的地理位置。电网的改造、新建等工程施工所修改的电力图纸应在地理图和逻辑

---

① 图 3.1、图 3.3、图 3.5 的地理图不是严格意义上的地理位置图,如果严格按照设备的地理位置制图,由于比例尺太小,不能清楚地显示各种设备。为了说明问题、突出设备位置,本书作了处理,实际是一种地理结构图。

图上同步反映,所以要求 GIS 的地理图和调度使用的接线图必须自动转换、自动对应,二者高度集成[46-47]。而现有的数据模型在底层上将二者分开,使地理图自动生成逻辑接线图变得困难。Esri 公司很早就认识到问题的存在,推出了ArcSchematics 试图解决以上问题。ArcSchematics 尽管能实现由地理图自动生成接线图,但它是基于地理图的几何特征生成,没有考虑设备之间内在的语义和逻辑关系,生成的接线图是基于图形的拓扑而非电网运行拓扑,难以用其实现调度的自动化功能。

3.1.2　供水管网几何图形与管理要素

　　城市供水管网是城市基础设施的重要组成部分,和人们生活息息相关。供水管网的地理图形、设备类型和供水线路十分复杂,由数量众多的水厂、加压泵站、蓄水池,类型繁多的阀门和连接关系复杂、管径粗细各异的输配水管线组成。输配水管线压力等级较多,且基本上深埋地下,使图形维护、设备检修和自动化管理更加困难[48]。供水管网和设备的连接关系如图 3.3 所示。

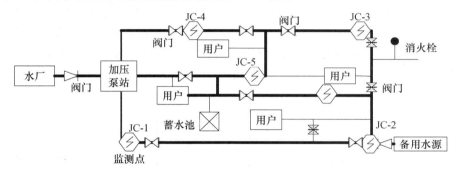

图 3.3　城市供水管网地理图

　　目前我国供水行业的自动化水平尽管不如电力和电信行业高,但因有相当数量的城市建设有自动化监控系统,所以可以提高管理的自动化水平和供水的可靠性、安全性,保障居民生活秩序。城市供水管网运行实时监控如图 3.4 所示。

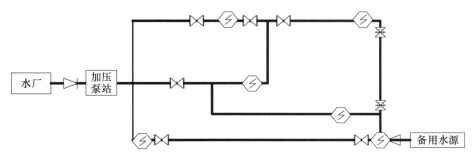

图 3.4　城市供水管网运行的实时监控图

　　为了保证供水的可靠性,国内几乎所有的大中型城市的供水管网均是环网。除了新建城区的建设初期可以采用单路供水,国家规范要求任一建筑物必须双路进水,即无论从局部还是总体上看,城市供水都是环网。环网的网络结构使某些空间分析功能难以得出有效结果,例如流向分析,不结合管网的实时运行状态进行管网平差,仅依靠图形拓扑无法得到某一时间的流向。供水管理的爆管、停水等事故发生时同样需要首先定位要关闭的阀门才能进行检修,分支连接设备三通、四通等的出口一般也安装阀门,各种实时监测设备一般也安装在阀门上,这使得阀门成为供水管网管理的重要对象。供水设备的阀门和分支接头还一般设置有检查井,检查井和阀门往往是一对多的关系,定位阀门的一般程序是先定位检查井的位置,然后确定是检查井中的哪个具体阀门。这实际上类似于 Geodatabase 中的复杂节点。供水线路是典型的多点重合(首先是检查井和井内设备的重合,再是检查井内多个设备的重合①),增加了空间数据的查询检索和空间分析的难度。

3.1.3　排水管网几何图形与管理要素

　　有供水必然有排水,排水系统分为废水和雨水两部分。排水管网的明显特征是枝环网结合、以枝状为主的网状结构,排水管网系统的组成主要是检查井及少量的排水泵站[49-52]。检查井的作用显得尤为突出,作为节点的检查井几乎是排水管理的唯一目标。排水系统的连接结构如图 3.5 所示。

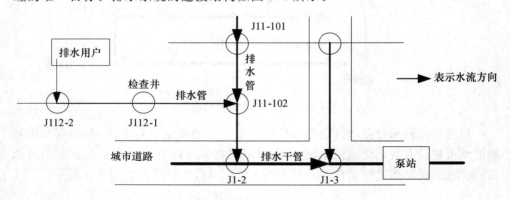

图 3.5　城市排水管网地理图

　　排水管理经常使用的是剖面图(图 3.6),剖面图显示了检查井的管底标高,水流方向根据高程自然确定。

---

　　①　检查井内往往有多个设备,例如某一四通接头的检查井,有四通接头、四个阀门,这些设备在 GIS 图上点位的地理位置是相同的,形成同一点位的多个设备重合。

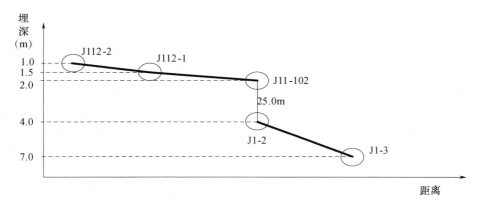

图 3.6　城市排水管网的剖面图

　　排水系统的功能是城市雨水和污水的收集、转输和排放。目前我国城市排水系统的设计要求是雨污分流制,由于历史原因和财力限制,多数城市的状况是总体上雨污分流,局部雨污合流。排水管网结构形式上是枝状网和环网结合,以枝状网为主。排水管理的主要任务是保证排水系统正常运转和防止违法排污。排水系统基本上是依靠重力实现自然流动,即废水的流向正常情况下根据检查井的标高和管线的埋深判断。如图 3.5、图 3.6 所示,重力流必然由 J112-2 → J112-1 → J11-102→J1-2→J1-3 的方向流动,因此管网流向分析的实质就是判断管网的高程值。特殊情况下,如局部积水、管段堵塞等可能使管网系统的局部流向发生逆转。

　　排水系统除管网的新建、改建和扩建考虑检查井和管线的具体布置及管径、流量等各种参数以外,建成后日常维护主要是针对检查井的检修和疏通等工作。如排水系统出现跑冒堵溢等现象,首先定位出现问题的检查井,然后以相邻检查井为工作目标进行管网的疏通。防止非法排污的检查单元也是检查井。因此可以说排水管理的目标几乎仅仅是检查井。检查井连接的多个排水管的管径、标高、方位、材质和检查井本身的管底标高、类型等构成排水管理的网络系统[①]。图 3.5 的地理图和图 3.6 的剖面图可以满足排水管理需求,它们完全可以由检查井之间的连接自动生成。

　　电信管网、路灯管网和电力管网有相似的性质,燃气管网、石油管线和供排水管网有类似的性质,不再一一讨论。

3.1.4　管网管理的本质特点

　　无论是枝状的配电线路、环网的供水线路,还是枝环结合以枝网为主的排水管

---

　　① 　排水管网检查井的选型依据国家规范标准,主要排水管道基本是混凝土管,各个管段的连接方式等均有国家施工规范。

网,城市管网管理的关键不是某一管段而是管段上的点状的设备,故配电的开关、排水的检查井、供水的阀门等才是管网管理的关注点。目前管网 GIS 使用的模型,都是以管段作为关注点和建模基本单元,不考虑管点的重要性,背离了管网管理的内在要求,使管网 GIS 功能和使用受到很大限制。管网数据准备也是先做出管线,然后在管线上定位设备点,使数据精度降低且增加数据录入和维护的工作量。因此需提出一种新的数据模型,既能够实现现有管网 GIS 的所有功能,又能和管网管理的本质紧密耦合,从根本上解决目前管网 GIS 存在的数据准备困难、空间分析基于几何特征而非内在联系、数据集成困难、无实时拓扑功能、没有考虑行业运行模式等诸多问题。

由以上分析和地理图形看出,城市管网的基本特点包括以下两个。

1. 几何图形规整

管网图形节点特征明显,无复杂的线型结构;节点连线即为管网的几何图形,如图 3.7 所示。

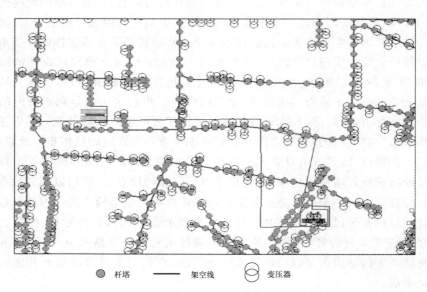

● 杆塔　　——— 架空线　　⊙ 变压器

图 3.7　节点特征明显的城市配电网实际地理图

2. 管理以节点为基础

关注节点(阀门、开关、变压调压器等)而非管段,所有工作(资产管理、安全运行、报警控制、数据集成等)基于节点展开。关心压力、流量、温度等实时参数,介质压力是资源流动的唯一动力。在逻辑网络的层次上管理(操作员并不关心具体设备的地理位置),根据运行参数决定管网拓扑-实时拓扑。

由此,本书提出了基于有向节点构造管网网络进行空间分析和数据集成的空间数据模型。

§3.2　有向节点模型的概念

点状设施不仅是管理的重要对象,更是构造几何与逻辑网络的基本骨架。一般情况下,点状设备的连接线即是相应的管线设施,这样在数据准备和维护时不需要进行管线数据的采集,只要确定点的位置,然后根据点的连接关系动态地生成和维护管线,即穿点连线。且线能够存储,制图等基于线的应用不必每次重新生成。基于点的结构在逻辑图的自动生成、设备关联关系定义、数据集成和用户管理等方面具有不可比拟的优势。

本书定义的节点不理解为线状地物的起止点,而是指抽象为点状的各种设备。有时为了特殊需要而增加实际不存在的节点,如为制图美观而插入的点等,也是本书所描述节点的一种,加之节点连线即为管线,类似于弧段的端点,为此,本书仍以NODE 代表点状设施,而不是 POINT,尽管某些点状设备在 GIS 图形中更适宜于POINT 描述。

3.2.1　基本概念

1. 节点的方向
无论从 GIS 角度还是从数据结构的角度解析,点均是零维的无方向的目标,故从构造网络的角度出发,将节点间的连接指向定义为节点的方向,如图 3.8 所示,节点 3 的方向有 3 个,分别为 31、32、34。

图 3.8　有向节点模型的方向定义

2. 有向节点
定义了方向的节点称为有向节点(directed-node)。

3. 节点的度
又称节点的连接度,即节点的方向的数量,如图 3.8 中节点 3 的度为 3,即在3 个方向上有连接。

4. 节点等级
节点等级是节点某一方面的属性,如开关的电压等级是高压还是低压,以区别管线的等级。低压开关之间构成低压线,高压开关之间构成高压线,且高低压开关之间必须有相应的变压设备相连。供排水管网中不论主干管还是分支管,都依靠相应节点的等级进行划分。

5. 简单节点

抽象为节点的地理实体内部不存在其他可以抽象为节点的节点,如杆塔、阀门等。

6. 复杂节点

复杂节点在地理实体上的尺度上具有或大或小的面状结构,如水泵站、变电站等。这些地理实体在管理上又以节点参与。其典型特征是内部含有可以抽象为诸多节点的其他地理实体。复杂节点按节点等级来说有两种形式,一种是其内部发生节点等级变化,如配电房、变电站,一种是内部不发生节点等级变化,如分支箱。这样的划分便于控制参与网络分析的节点层次和等级。

3.2.2　有向节点的分类

根据节点的作用和管理的目的不同,将有向节点分为三类:特征点、造型点和辅助点,每一种节点均有相应的节点等级。

1. 特征点

管网管理的重点对象如开关、阀门、运行工况的监测点等定义为特征点,其根据不同的需求动态确定,没有严格的定义,其主要目的是生成调度使用的逻辑图、设备连接关系图等。

2. 造型点

造型点是构造管网网络几何形状的节点。管网中大量存在对管网运行管理影响不大,但对管网构成和建设必需的节点,如配电网络的杆塔,供水网络的转折点(弯头等)、分支点(三通、四通等)。它们不影响管网的拓扑构造和管理的空间分析,但几何形状的生成和地理位置的确定由它们完成。

3. 辅助点

辅助点是实际中不存在或管网管理中不抽象为节点的设备,为了某种特殊需要而添加,如为制图美观、保证拓扑完整性、进行多级网络分析等而生成的点。

节点的分类是基于管理不同层次的需求,仅是一种逻辑上的关系,非实际节点的本质特征。如果是保证管网正常运行和监测各种设备的实时状态,使用由特征点构成的逻辑网络即可;如果是进行管网的巡视、检修、维护等,则需要特征点和造型点共同构造具有地理位置的几何图形;如果是网络分析和制图,可能需要辅助点使拓扑完整和制图美观、信息容量足够、版面布置合理。

§3.3　有向节点模型的数据结构

3.3.1　有向节点模型的类层次

有向节点的数据模型将每一个节点作为一个对象,赋予其行为和属性,结合面向对象的结构设计,使其具有继承、多态和封装的特性。作为类的实例,有向节点既继承父类的共有特性,又向子类传递公有接口而保留私有特征,既体现不同管网节点的共性,又实现各自的特殊要求。有向节点类层次结构描述如图3.9所示。

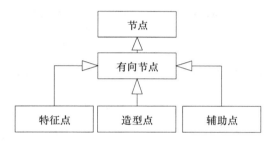

图 3.9　有向节点模型类层次结构描述

基类:抽取所有节点设备的共性,例如具有的地理位置、显示属性等。

特征节点类:描述特征点的共性,如开关、阀门的实时参数、开合状态等。

造型节点类:描述造型点的共性,例如杆塔、各种分类接头等,它们的重要性质是自己本身的属性,一般不具有实时参数。

辅助节点类:描述辅助点的共性,辅助点有两种情况。一是实际中不存在,为了某种特殊需要如配电网中的单线图的美观而增加的点,这类辅助点的地理位置由已知点和偏移量计算,并且不具有其他属性。二是为构造拓扑完整性以参与网络分析而增加的点,这些点的地理位置实际存在,点对应的地理实体一般也存在,只是没有明显的节点特征。

类的层次原理描述如上,但是实际情况是实时参数以独立的数据库存储,而且刷新时间较短,不宜在节点的基本结构存储实时信息,更不能作为属性字段实时刷新空间数据库,大量数据的实时刷新容易造成数据阻塞,影响数据库正常运转,特征点实时数据的一体化应在更高的层次上实现。因此在节点数据结构设计时,特征点、造型点和辅助点以设备类型来描述,以适合特征点、造型点区分原则动态变化的需要。所以节点的逻辑结构和具体的实现结构有所不同。

3.3.2　有向节点模型的结构

有向节点的逻辑结构、数据存储结构和数据分析结构是不同的。逻辑结构清晰地表明有向节点及其分类之间的关系,是层次和逻辑上的概念。存储结构设计有向节点数据如何在文件和数据库中进行存储,保证数据备份、分发和重复利用。分析结构设计是高效地利用节点数据进行数据的各种数据统计和空间分析。在有向节点的数据分析结构中,不同类的节点具有如图 3.10 所示的继承关系。

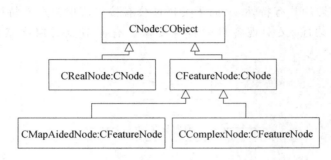

图 3.10　有向节点模型不同节点类的继承关系

CNode 作为所有节点的基类,包含节点共同的特征,如地理位置、设备符号、设备类型等。CRealNode 作为 CNode 的子类,增加实时数据的读取、显示等参数。CFeatureNode 类继承 CNode 的所有属性,除不具有实时参数外,包含其他所有节点类型的属性,如杆塔类、调压器类等。CMapAidedNode 类和 CComplexNode 类是辅助节点类型的两种形式,继承自 CFeatureNode 类,CMapAidedNode 是兼顾制图的辅助节点,CComplexNode 是复杂节点类的描述。上述节点类结构用 C 语言描述如下。

```
class CNode :CObject                   class CRealNode:CNode
{ Member                               {
  public:                              Member
    long      ObjectID;                  public:
    long      EquipID;                   int    RealtimeValue;
    int       DeviceType;                int    NodeState;
    POINT point;                       Method
    Symbol    SymbolType;                long GetRealtimeValue(…);
Method                                 …
…};                                    };
```

```
class CFeatureNode:CNode                    classCMapAidedNode: CFeatureNode
{                                           {
Member                                      Member
  public:                                     public :
    int SubType ;                             long Offset ;
    …                                         …
Method                                      Method
…};                                         …};

classCComplexNode: CFeatureNode
{
Member
  bool MapUnit ;
  CFile WhichFileLoad ;
…
Method
…};
```

　　在地理信息系统的数据文件中,都有一个系统自己控制的内部标识号以表示每一个地理要素,多数基于文件的 GIS 数据格式将地理实体作为特征而非对象管理,该标识号一般称为 FeatureID 且不可见,需用专用的方法读取。地理数据库一般是在标准关系型数据库基础上构建,将每一个地理实体作为一个对象,数据库的一条记录代表一个地理实体,该标识号一般用 ObjectID 表示,如 Esri 公司的 Geodatabase。作为系统内部控制的索引号具有只读属性,不可在运行中被 GIS 软件更改,随着数据的不断编辑与数据的增加删除,该标识号持续增加,因为数据的删除出现标识号非连续,在数据转换和重新入库过程时,一般软件会对该标识号重新编码,作为内部控制不影响某一地理实体的空间属性,但是不能以该索引号作为检索、查询地理空间实体的索引字段。因此设计 ObjectID 和 EquipID(可选)两个参数,EquipID 表示地理实体的编码或名称等属性,可与 ObjectID 对应或自动编码,因其不作为系统自己控制的索引字段,在数据转换和入库时不发生变化,可作为系统的字段进行数据存储。

　　每一个节点对应一个具体的设备,DeviceType 表示设备的不同类型,如开关、阀门、调压器等。SubType 表示设备的子类型,如是开关还是熔丝,是刀闸还是跌落,阀门是止回阀、截止阀、闸阀还是蝶阀等。SubType 是制图和设备子类化的基础。SymbolType 记录每一个节点的符号显示特征。符号和设备类型特征是节点可视化的基础。有向节点的数据模型还应该存储节点之间的关系,节点方向及节点之间的连接关系见§3.5 描述。

复杂节点增加了 LoadFile 函数,旨在调入配电房、变电站内的接线图,通过指定 MapUnit 值,说明接线图文件调入以后,是按照地图单位还是设备(屏幕)单位显示接线图。

3.3.3　有向节点模型的可视化

GIS 对地理数据的操作在形式上不外乎以下两种:一是对空间数据的操作,对数据进行加工、分析和各种统计等;二是空间数据的可视化,将各种数据分析的结果以人们最易认知的形式显现出来。

管网设备林林总总、千变万化,仅仅以属性区分设备类型而不以可视化的方法显示不同设备的类型或子类型,显然不符合管网制图的需要。GIS 作为地理数据的信息化系统,丰富多变的符号体系、灵活的制图设置是其应有的功能。

1. 有向节点的可视化

在有向节点的数据结构中,设计了 SymbolType 和 SubType 共同决定以何种符号显示,考虑到管网实时管理的需要,增加设备状态参数表示设备当前带电、失电、被选择、无效等几种情况,即由 SymbolType 和 SubType 共同决定的符号还应具有至少 4 种表示,以区分当前状态。

有向节点的符号定义为以下参数的结构[53]:

```
struct Symbol{
    COLORREF m_ColorPen;              //笔色
    COLORREF m_ColorBrush;            //填充刷颜色
    int m_LineWidth;                  //线宽
    int m_LineType;                   //线型
    int m_BrushType;                  //画刷样式
    BOOL m_bSelected;                 //是否处于选中状态
    CRgn * m_pSelectRgn;              //选择区域
    CDPoint m_SymCenter;              //符号中心
    double m_SymScale;                //符号比例
    double m_SymAngle;                //符号角度
    int m_Index;                      //全局索引
};
```

有向节点的符号类型有圆(circle)、椭圆(ellipse)、矩形(rectangle)、点(point)、折线(polyline)和多边形(polygon),这些符号的组合形成节点显示的符号。

2. 连接关系的可视化

连接关系即管网的管线的可视化依赖于两端节点的性质,由相连节点的类型、符号和节点等级决定线的性质:线型、宽度、颜色和状态。WinAPI 提供的线型如果不能满足可视化的需要,可参考上述结构定义复杂线型,如线线组合、线点组合,这些线符号也为多个符号的叠加。可视化的本质是在用户视图上以指定的笔、刷、样式等进行画线。

3.3.4　复杂节点的表达

借用 Geodatabase 复杂节点的概念来表示节点的一对多的关系,但和 Geodatabase 中的复杂节点有质的不同。Geodatabase 中的复杂节点是一个节点和一组节点与边的群的集,一个复杂节点对应于一个子网络。在网络分析中,根据不同需要决定以节点还是子网络参与分析。Geodatabase 不区分节点等级使子网络参与网络分析的尺度难以控制。例如配电房将 10 kV 电压转变为 400 V 电压,分支箱不发生电压的变换,但它们都是复杂节点,在进行配电管理常用的 10 kV 网络分析时,如果不启用子网络参与分析,那么分支箱将有部分 10 kV 线路无法参与分析,会造成数据丢失,导致分析结果不正确。如果启用子网络参与分析,那么 400 V 电压等级的所有线路将都参与,会造成数据分析的冗余。

将复杂节点定义为内部含有其他可抽象为节点的容器,而不是节点群的集。即 Geodatabase 中将配电房内的设备连接作为复杂节点,而不是其中的设备。这样定义的好处是将电力线路的设备和容纳电力设备的土建设施区分开,进行网络分析时以节点等级控制参与分析的节点,体现了配电房和分支箱的本质区别。

节点的等级是管网管理的重要参数,节点等级的区分依据不同的参数,如电压、气压等级,主干分支管,产权所属等。两类不同的复杂节点在进行网络分析时起不同的作用。节点等级不发生变化的复杂节点,实际运行时一般不对那些节点参与网络分析进行控制,上下游节点具有同等重要性;节点等级发生变化的复杂节点运行时,根据分析的需求控制上下游不同等级的节点是否参与网络分析,相当于虚拟的开关。两类复杂节点的结构图及参与网络分析的示意图如图 3.11 和图 3.12所示。

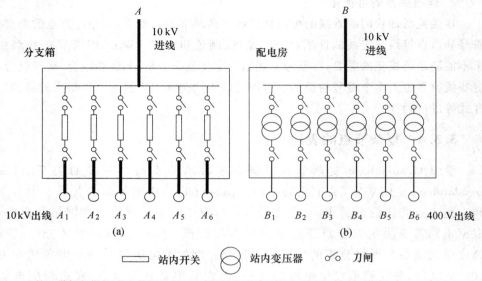

(a)第一类复杂节点(节点等级不变),10 kV 进线 A,10 kV 出线 $A_1 \sim A_6$

(b)第二类复杂节点(节点等级发生变化),10 kV 进线 B,400 V 出线 $B_1 \sim B_6$

图 3.11　两类复杂节点结构

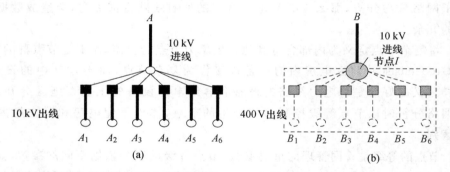

(a)节点等级不变,所有节点直接参与网络分析

(b)节点等级发生变化,控制分析到节点 I 还是 $B_1 \sim B_6$ 的下游节点

图 3.12　节点参与网络分析

§3.4　有向节点模型的数据存储

在空间数据库(spatial database)出现以前,空间数据以文件形式存储。空间数据库的概念提出以后,特别是 Geodatabase 的推出,使空间数据在商用关系数据库中的存储成为当前 GIS 数据存储的最佳选择。有向节点将管网网络的二元组分简化为一元组分,更适宜用数据库存储其数据,每一个节点对应一条数据库记

录,节点关系也表示为一条记录。基于数据库的存储使数据的选择、抽取只需一条
SQL 命令即可实现,这使数据的分层、地理数据可视化和分类制图更加简化。

3.4.1　层的视图定义

受 CAD 数据分层的影响,几乎所有的地理数据均以层为单位进行数据的存
储和操作。分层的思想对于制图是有利的,但对于 GIS 区别于 CAD 最为明显的
空间分析来讲,数据分层人为割裂数据间的内在联系,简单的空间分析都要涉及几
个图层的操作,致使效率低下、查询检索困难。图层是对地理数据的物理分割,每
一个图层对应一个或多个物理文件,即使空间数据库在以图层为单位进行数据转
入后仍然是以层为基础进行数据操作的。

将"层"定义为物理分割的数据层或不同空间数据库的数据层的动态视图,是
各物理图层中地理数据的映射关系。它是一组地理数据的参考,本身并不包含地
理数据,这样定义层的目的是使用户在数据分层时仅仅考虑地理实体之间的内在
联系而不必考虑制图和显示的需要,避免将图层过度细分而影响上层应用系统的
性能。它的数据可以来源于一个地理图层或者不同图层的部分或全部,方便其可
视化表达同一地理数据的不同属性或应用不同的制图规则,或者不同地理数据应
用相同的制图规则。"层"的视图定义描述如图 3.13 所示。

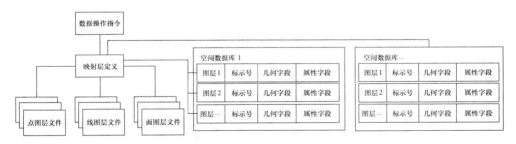

图 3.13　"层"的视图定义描述

地理数据是否分层一直是 GIS 界争论的问题,目前积累的大量 GIS 的研究成
果都是基于地理数据分层的,现有的 GIS 分层体系一时难以取消。最新的研究采
用基于特征的 GIS 结合面向对象的数据库系统(OODBMS),数据不分层存储,将
特征几何及其关系完全存储于数据库中,数据的读取与操作在同一表中进行,这对
空间分析或许是有利的。但是空间查询的效率不会有很大的提高,这主要是因为
面向对象的数据库查询效率较低,且面向对象的数据库技术仍然处于研究阶段。

关系型数据库和对象关系型数据库的查询效率很高,但空间地理实体必须分
层存储,不同类的地理实体用不同字段表示是数据分层的根本原因,目前的关系
型数据库不能解决同一数据表具有不同字段的问题。基于有向节点模型的数据

可以存储于文件和数据库中,为了兼容以前数据分层和使用关系型数据库的需要,仍然将地理数据分层存储。根据层的视图定义,数据分层在较高的尺度上进行,如配电线路的杆塔有方形铁塔、三角铁塔、水泥杆、木杆等,将作为一层进行数据存储,但如果不同类型的杆具有不同的属性字段,分层存储是不可避免的。

3.4.2　存储方式

1. 文件存储

以文件形式存储空间数据,一般有以下几种方式。带拓扑的空间数据如Coverage 的存储结构比较复杂,属性数据、几何数据分开存储,拓扑数据以数据库表形式存储。非拓扑空间数据一是多文件存储方式,将几何数据和属性数据存于不同的文件,依靠索引文件将两者关联,如 SHP 格式、MapInfo 的 TAB 格式等。二是单文件存储方式,将几何数据属性数据存于一个文件,将变长的几何数据和定长的属性数据以序列化依次写入以相反顺序读取。基于文件的数据存储方式示意如图 3.14 所示。

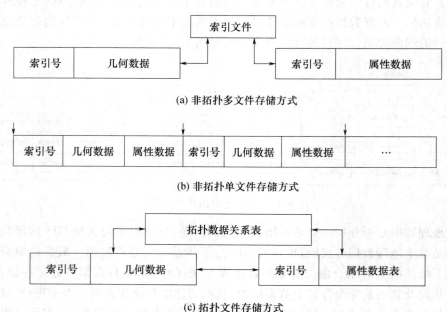

(a) 非拓扑多文件存储方式

(b) 非拓扑单文件存储方式

(c) 拓扑文件存储方式

图 3.14　基于文件的数据存储方式示意

有向节点的空间数据不仅要存储几何图形和属性数据,更要存储节点的度和方向,整个管网的数据实质上只存储节点,因此拓扑关系在空间分析时动态构建,空间关系在数据文件中反映为节点之间的关系。序列化将节点的标识号、设备类型、子类型、节点的度及方向和属性表以二进制流写入数据文件,并设置相关结束标志,以相反的顺序读取数据并还原。有向节点数据文件的写入、读取过程如图3.15所示。

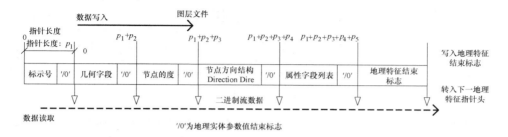

图 3.15　有向节点模型文件存储的数据读写示意

　　节点方向结构存储与本节点相连的节点的标识号,长度由节点的度指定。参数赋值结束后写入字段结束标志′/0′,地理特征赋值结束赋予地理特征结束标志如′/n′,表明一个地理实体赋值到此结束。据此规则进行数据文件的写入和读取。

　　本书的研究主要是有向节点基于数据库的存储,对文件存储不做详细讨论,以上的描述只是说明,有向节点的存储并不仅限于数据库。

2. 数据库存储

　　文件型地理数据适于简单的 GIS 应用,但其不支持多用户并发操作,数据备份和数据恢复,不能适应 GIS 作为综合调度系统支持系统的需要。空间数据库将空间数据存储于关系数据库中,充分利用数据库的多用户同时操作、数据缓存与备份机制、高速的数据索引等。目前数据库技术已经十分成熟,借助数据库将地理数据存储是 GIS 发展的必然途径,况且数据库厂家如 Oracle、DB2 等都推出针对空间数据操作的模块,使地理数据和数据库系统融合成为现实。在空间数据库中,每一个地理实体作为数据库的一条记录,几何图形以二进制字段表示,属性字段借助于数据库字段表示,但是在具体的实现过程中,考虑到查询检索的优化,往往增加辅助表以提高数据操作的效率。空间数据库结构表示如图 3.16所示。

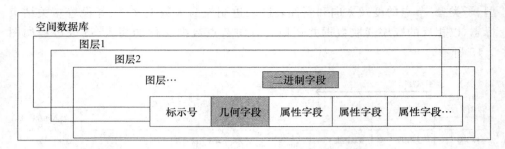

图 3.16　Geodatabase 空间数据库的存储结构

有向节点模型将管网数据简化为一元结构,在数据库中的存储非常简单。通过关系表实现数据的存储和分析。节点属性表存储节点本身的属性,如地理位置、设备类型等与之相关的各种资料。节点关系表存储两个节点之间的连接关系,结构如表 3.1、表 3.2 所示。

表 3.1　管网网络无向图的有向节点关系表示

节点	连接点
12001	12003
12003	9846
12003	12123
12003	13111
13111	15201
⋮	⋮

表 3.2　管网网络有向图的节点关系表示

记录号	节点(Fnode)	连接点(Tnode)	阻力(Weight/Price)
1	A	B	10
2	B	A	20
3	A	C	5
4	C	D	8
5	D	C	7
6	B	D	30

数据库存储首先创建表,然后插入、修改或删除数据记录,完成这些操作只需一个 SQL 语句。有向节点在数据库中的存储,符合当前软件工程的基本思想:只专心研究关心问题,其他工作由已有的软件完成。数据存储的 SQL 语句为:

创建表 NodeAttribute 存储节点的基本属性。

```
Create Table NodeAttribute(
ObjectID number(10),
EquipID number(10),
DeviceType char(2),
DeviceDesc varchar2(255),
…)
```

表中插入数据:Insert into NodeAttribute values(…)
修改数据:update NodeAttribute set field＝… where …
删除数据:delete NodeAttribute where …
以上几句代码即可完成地理数据的存储,彰显有向节点数据库存储的优势。
创建表 NodeRelation 存储节点之间的关系,以有向图对应的表 3.2 为例:

```
Create Table NodeRelation (
FNode number(10),
TNode number(10),
Weight number(10,3)
…)
```

在数据维护时,根据节点之间实际存在的关系,填写 NodeRelation 表的内容。
地理数据存储于文件和空间数据库是 GIS 发展的两个阶段,在早期的 GIS 应用中,地理数据一般存储于文件中,目前多数 GIS 应用的地理数据存储于空间数据库中。在后续章节可以看到,由于采用了空间数据内存引擎技术,所有的数据操作和数据转换均是在空间数据内存引擎上进行,由空间数据内存引擎和下层数据文件和空间数据库进行数据交换,所以如果上层应用采用空间数据内存引擎技术,有向节点的数据存储于文件或数据库中并不影响其上层应用[1]。

§3.5　有向节点模型的关系构建

3.5.1　现有空间数据模型的节点关系构建

平面强化的线性网络节点之间的关系通过网络要素——边来完成,依靠边的结点(起止点)判断连通性和节点之间的关系,如是否直接连接、是否可连接等。边的起止点定义为 Fnode 和 Tnode,获取 Fnode 后,得到连接的边,通过该边得到 Tnode,再以 Tnode(仍看作 Fnode)获取连接的边,再获取该边连接的节点,以此类

---

① 尽管采用了空间数据内存引擎技术以后,地理数据存于文件和数据库对上层功能没有影响,但是本书后续章节均是以空间数据库为例进行技术说明。

推,完成边节点关系构建。由图 3.17 可以看出由节点 12003 可以追踪 4 条管线,13111 连接 3 条管线,节点之间的关系通过边隐含表达,其实质以边作为网络构建的中心。

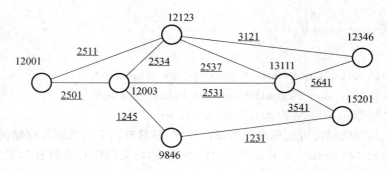

图 3.17　平面强化的边-节点关系

其他类型的文件格式包括空间数据库,尽管没有明显给出弧段的起止节点,其拓扑关系的构造还是依靠节点和弧段的关系生成,Coverage 明显地给出起止节点,使弧段和节点的关系一目了然。在现有文件和空间数据库上进行网络分析,如果不使用平台提供的功能或平台不具有网络分析功能,网络分析有以下两种方法。

一是依靠已提供的基本函数读取 GIS 数据的几何特征和连接关系,读取边连接的边和节点,再依次读取其他相连的节点和边,使用图的广度或深度搜索顺序,实现分析功能。

二是一次读取所有节点和边的连接关系,构造邻接矩阵或邻接表等图的临时存储结构,以广度或深度搜索完成图的遍历。

图 3.17 对应的节点-边的关系见表 3.3。

表 3.3　基于边的节点-边关系

ArcID	Fnode	Tnode
2501	12001	12003
1245	12003	9846
2534	12003	12123
2531	12003	13111
3541	13111	15201
⋮	⋮	⋮

有向节点数据模型中,依靠节点之间连接关系实现线性网络构建。获取某节点的连接节点,再以该节点获取其连接的其他节点,循环执行该过程完成节点关系构建,这个过程依靠 SQL 语言实现。

3.5.2　有向节点模型的关系构建

城市管网的配电等在总体结构上是无向图,较少控制某一管段的流向是单向的,供水管网的止回阀控制水流方向只能单向流动,但是它一般安装在水泵站、加压站的出口上,用以保护站内设备,市政管网部分一般不用止回阀一类的控制流向的设备。也即无向图的结构能够满足管网网络分析中流向分析的需要,但为了增加模型的通用性和扩展性,将节点关系构建以无向图和有向图两种方式论述。

3.5.2.1　无向图的节点关系构建

图 3.17 是典型的无向图结构,12001→12003 和 12003→12001 的阻力值相同,这使数据的存储和关系表达变得非常简单,表 3.3 简化为表 3.1 的形式,节点关系体现在记录是否存在上,如确定节点 12001 和 12003 之间是否直接连接,从表 3.1 中指定如下条件即可:

> Where（节点 = 12001 and 连接点 = 12003）or（节点 = 12003 and 连接点 = 12001）

检索记录存在,证明两个节点直接相连,记录不存在说明两个节点不能直接相连,记录数多于 1 说明存在重复记录。

3.5.2.2　有向图的节点关系构建

图论中将有序边的图定义为有向图,城市管网如果对流向进行人为控制,管网网络在本质上成为有向图。更进一步,不仅仅控制流向为单向,双向流的两向阻力也不一样,使管网网络更具有通用性。如图 3.18 所示。

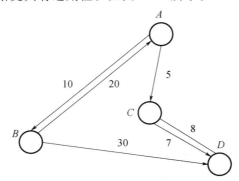

图 3.18　城市管网网络的有向图表达

有向节点的管网网络由无向图扩展为有向图,将相连接的两个节点的双向连通、阻力相同改为双向连通、阻力不同,单向阻力∞表示该方向不能连通。为简化存储,单向阻力∞不存储。图 3.18 对应的关系表示见表 3.2。

不可避免的,为表示双向阻力不一致,必然增加数据存储的记录。另外一种不增加数据存储记录的方法是改进阻力值字段的表示,如表 3.2 记录 1、2,记录 4、5 各合并为一条记录,阻力字段顺序记录双向的阻力值。如表 3.4 所示。

表 3.4　管网网络有向图节点关系的改进表示

记录号	节点(Fnode)	连接点(Tnode)	阻力(Weight/Price)
1	A	B	10/20
2	A	C	5
3	C	D	8/7
4	B	D	30

表 3.4 的存储方式减少了记录,但是增加了数据处理的难度,具体网络分析时根据阻力字段的值计算 $A \to B$ 和 $B \to A$ 的阻力,增加了计算量和编程的难度。没有一种方法既能提高运算效率、减少数据冗余,又使网络分析编程变得更为简单。

节点作为独立实体构造网络,节点之间关系显式表达,以节点搜寻连接关系更接近于网络的数学本质。而且搜索节点关系时不需要通过边,减少了搜索次数。

总之,非有向节点模型线性网络的空间分析的本质也是图论的操作,空间分析的过程一是根据边节点的连接关系构造利用图论算法分析需要的数据结构,二是运用图论算法进行搜索。有向节点模型将构造图论算法和实行空间分析的任务交给 SQL 执行,靠数据库自身来保证算法的效率和程序的稳定性,使基于有向节点的上层应用程序的稳定性、扩展性有了底层保障。

§3.6　基于 SQL 的有向节点模型的数据分析

作为面向操作的第四代编程语言,SQL 广泛应用于数据库程序的开发。GIS 开发者也梦寐以求想将 SQL 引入 GIS 的空间分析,以大量减少开发工作量并提高程序的质量,但是模型限制了 SQL 在 GIS 中应用。应用 SQL 开发必须在底层构造数据库同质的结构,有向节点模型对管网数据的节点关系显化表示,使 SQL 语言顺利地嵌入 GIS 的高端分析中。简化为一元结构的城市管网网络,在数据库中进行数据的存储和分析,充分利用 SQL 语句,使操作变得异常简单,地理数据的空间分析用 SQL 语句也可轻松完成。

当然即使数据存于数据库中,空间分析使用下文提出的空间数据内存引擎同样可以完成,只是侧重点不一样。空间数据内存引擎主要提高数据可视化和分析的时间效率,在统一的框架内进行无缝集成,提高数据集成的一体化水平,算法的实现和数据结构的重新构造需要从底层编写代码。基于 SQL 的数据分析,完全利用数据库本身的技术,实现简单,其时间效率由数据库自身考虑。本书也无法从本质上进行时间效率的优化,在使用数据库优点的同时,也必须接受它的缺点,因为无法进入其操作内部进行控制。

3.6.1　数据操作

有向节点模型将管网抽象为点及其连接关系的群,并在数据库中存储,使空间数据的基本操作变得几乎完美地简单。数据修改、查询、统计仅仅通过一条 SQL 语句即可完成。复杂的查询只不过是使用子查询的嵌套。控制选择的条件,即 where 语句进行不同条件的统计分析。例如:

统计管网中有多少个某种型号的阀门:

```
Select count( * ) from NodeAttribute where DeviceType = '阀门' and SubType = '…'
```

统计 2005 年以后安装的设备:

```
Select * from (select table_name from user_tables ) where time > '2005-01-01'
  …
```

3.6.2　网络分析[①]

有向节点模型基于空间数据库表显式地存储节点之间的关系,便于充分利用 SQL 语言实现基于表的操作,基于有向图的空间分析用简单的 SQL 语句即可实现。已有海量文献讲述数据结构中关于图论的算法,讨论如何解决每种可能路线的遍历问题以及寻找最短路径或者最小代价路径的问题。这些算法中大部分都是过程化的,或者是使用递归方法来解决的,其本质均是(有向)图的操作,有向节点模型的优势难以体现。

有向节点模型的这种显式的表的存储结构使空间数据与数据库表同质化,用 SQL 语言很容易地解决复杂的(有向)图,且不需要很多代码。常用的网络分析有:路径分析、连通性分析、追踪分析、流向分析、查找共同祖先等。其中路径分析是最基本的,其他分析在其基础上实现。

3.6.2.1　路径分析

以下过程说明如何以 SQL 语言实现基于有向节点模型的空间分析。

(1)创建有向节点关系表。

如表 3.2 所示,Weight/Price 表示节点之间的阻力(权值),如果以节点之间线段的长度为阻力,最优路径的结果即为最短路径。阻力用 SQL 语句通过指定的规则自动计算或人工确定其值大小。

基于 SQL 的表结构如下:

---

① 本章所用 SQL 语句均在 Oracle 上使用 SQLplus 测试通过。

```
create table fares
(
    Fnode       number,
    Tnode       number,
    Weight      number,
    constraint fares_pk primary key (Fnode，Tnode),
);
```

（2）创建临时表，保存两个节点之间所有可能的路径，且跟踪到达目的地所需路程的数目，以及所走路线的描述。

临时表使用以下脚本创建：

```
create global temporary table faretemp
(
    Fnode       number,
    Tnode       number,
    hops        integer,
    route       varchar2(30),
    price       number,
    constraint faretemp_pk primary key (Fnode,Tnode)
);
```

为简化代码设计视图 nexthop，视图可以根据 fares 表中的单个路程计算从 faretemp 表中的一个路径到达一下一个路程的数据。

```
create or replace view nexthop
as select src.Fnode,
        dst.Tnode,
        src.hops + 1 hops,
        src.route ||','|| dst.Tnode route,
        src.price + dst.price price
    from faretemp src,fares dst
where src.Tnode = dst.Fnode    and dst.Tnode ! = src.Fnode;
```

首先使用 fares 表中的数据填充 faretemp 表，作为初始的路程。再建立可能的两个节点之间的所有路径，循环过程将在节点间所有可能的路径都被描述之后退出，还可以限制第一次的插入从而减少装载数据的量。

（3）搜寻最小路程数的所有路径。该方法的实际意义是搜寻经过 A 点到 B 点的最少特征点数如杆塔、阀门等的数量。

```
truncate table faretemp;
begin
    -- initial connections
    insert into faretemp
    select Fnode, Tnode, 1, Fnode ||','|| Tnode, price from fares;
    while sql % rowcount > 0 loop
        insert into faretemp
            select Fnode, Tnode, hops, route, price from nexthop
            where (Fnode, Tnode)
                not in (select Fnode, Tnode from faretemp);
    end loop;
end;
select * from faretemp order by Fnode,Tnode;
```

select 语句选择保存的所有节点之间的最小路程数（最少周转数），指定 Fnode 和 Tnode 的值可以得到两个节点之间的最小路程路径。

（4）搜寻最小费用的路径集合。最小费用可以是最短路径（长度作为费用）、最少阻力值（行业管理的最小线损、最小渗漏等）等。

```
truncate table faretemp;
declare
        l_count integer;
begin
    -- initial connections
    insert into faretemp
        select Fnode, Tnode, 1, Fnode ||','|| Tnode, price from fares;
    l_count := sql % rowcount;
    while l_count > 0 loop
        update faretemp
            set (hops, route, price) =
```

```
            (select hops, route, price from nexthop
                where Fnode = faretemp. Fnode
                  and Tnode = faretemp. Tnode)
        where (Fnode, Tnode) in
            (select Fnode, Tnode from nexthop
                where price < faretemp. price);
        l_count : = sql % rowcount;
        insert into faretemp
            select Fnode, Tnode, hops, route, price from nexthop
            where (Fnode, Tnode)
                not in (select Fnode, Tnode from faretemp);
        l_count : = l_count + sql % rowcount;
    end loop;
end;
select * from faretemp order by Fnode, Tnode;
```

select 语句选择保存的所有节点之间的最优路径,指定 Fnode 和 Tnode 的值可以得到两个节点之间的最优路径。

3.6.2.2　连通性分析

使用 SQL 进行了路径分析,所有两点之间的路径保存在表 faretemp 中,连通性分析即找出起止点存在的哪一条记录。如搜寻节点 12001、12346 之间是否存在路径,即具有连通性:

```
Select * from faretemp where (Fnode = 12001 and Tnode = 12346) or (Tnode = 12346
and  Fnode = 12001)
```

如果上述选择返回结果不为空,表示两个节点连通。

3.6.2.3　追踪分析

树状结构如果两点存在路径,追踪分析的结构是唯一的。对于网状结构如图 3.17 从点 12001→12346 之间存在多条可行路径,如果不指明路径的性质如最短、阻力最小等,仅仅追踪出路径几乎没有工程意义,仅表示两点之间具有可达性。如果追踪上行路径(如由变压器查找供电开关)或下行追踪(追踪某一变电站出口开关所服务的所有变压器等)出路径,还必须设定网络的源头(source)和终点(sink)。

3.6.2.4　流向分析

枝状管网在指定源头和终点以后,仅靠空间数据的几何连接关系即可确定网络流的方向,枝网的树枝总是资源的流入方向,树干或根总是资源的提供者。对于城市管网的环网结构,流向分析必须结合管网的图形特征和实时运行参数如压力、流量、流速等,根据行业知识规则,进行管网平差计算,从而求出网络流的方向,并在几何图形上予以表达,特别是多源供给的城市供水、燃气管网更要通过行业模型进行管网平差,解析网络流向。

配电网在运行时为枝网,且某一线路某一时刻为单源供给。网络分析依靠空间数据的几何特征即可完成。负荷转移、联络开关的开合造成的实时网络拓扑重构,通过动态在有向节点模型中设置相关节点是否可用完成网络的实时分析。

给水/燃气管网是典型的运行时枝环结合、多源供给、网络流向随管网实时工况而发生变化的网络结构。不依赖实时参数无法进行流向分析。

排水管网的流向分析在枝网情况下是非常简单的,依靠检查井的高程即可判断水流方向,但是排水环状管网的流向具有不唯一性,可能通过多条路径达到同一个汇入点。在环网网络流向解算时,不仅要考虑管底高程、还要考虑流量等参数,并且在特殊情况下,如暴雨、局部污水流量突然增加时,水流方向可能在一定范围内由低向高流。排水环网的流向分析考虑因素很多,而且行业模型也未能解决某一时刻的流向问题,单纯依靠图形特征更是无法断定管网流向。

§3.7　有向节点模型的扩展

有向节点模型不使用线,但并不是没有线的概念,更不是排斥线。线是节点之间连接关系的直观简单表示,在某些情况下,线可能是必不可少的图形要素,例如变电站内部的接线图。从地理尺度上讲,变电站是以点的形式存在,但是其内部实际上是一个非常复杂的节点和线组成的二元体系,如果仅仅以节点表示其内部连接关系,需要复杂的关系表来表征,况且变电站内部复杂结构的拓扑关系跟 GIS 的关系不大,主要是由电力行业的知识规则确定,更有变电站自动化系统控制各种开关和自动化设备的投切和隔离。从 GIS 管理的角度上看,变电站、自来水厂等具有复杂连接关系的点作为资源的提供者更适宜作为一个单独的节点,配电房、开关站等作为资源的中转站根据管理的不同尺度抽象为一个节点或者多个节点的集合。

同时变电站等资源供给点和配电房等资源中转点在 GIS 图上的表示,并不是其实际的尺寸的按比例缩小,在需要查看其具体的内部结构时需要以较大的地理视图。一般的网络管理中,这些站房类设备按照屏幕单位而非地图单位显示更为合适,如规定在一定的应用中,变电站是以几个像素表示,当然仍需建立地图比例尺和站房显示尺寸之间的相应关系,如 1∶1 000 时以 14 个像素显示,1∶5 000 时以 10 个像素显示,1∶5 万是以 4 个像素表示等,这样做的目的是既可以在一定程度上按照比例尺显示实际站房的大小,又能保证显示的美观,符合人们认知心理。在查看站内具体设备的应用中,站房的以较大的比例尺(较多的屏幕单位)显示其内部详细结构而不必过分放大地图,不至于只能看到站内设备而无法兼顾站外设备。

有向节点模型在处理变电站、自来水厂等资源供给设施时,仍然将它们的内部构造图、接线图单独存储,而不是以复杂的节点关系表来说明这种复杂的关系,主要原因是这些内部详细的设施图不参与网络分析。但是配电房、加压站等资源中转类设施则不同,还是将其内部接线图解析为有向节点的组合,因为这些设施是网络分析的组成部分,而且其内部结构一般来说较资源供给点的变电站、水厂来说相对简单。

为提高某种操作效率,例如制图和可视化,将有向节点及其连接关系构成的几何图形单独存储,再以二进制字段存于数据库中。在几何数据的显示和可视化时,解析二进制数据的效率比每次通过 SQL 读取节点关系而可视化效率要高。但在空间分析上如果将有向节点构造的几何图形存储,丢弃了 SQL 本身简单方便的优点,也体现不出有向节点模型的优势。

§3.8　本章小结

本章主要分析了城市管网管理的特点。从几何特征上讲,管网具有明显的节点如阀门、开关、检查井等;管线几何形状较为规整,节点之间连线即为几何网络;管线运输介质的传送路线事先规定,无随意性;总之相对于交通网络而言,城市管网无多层立交、分时分段限制等复杂情况,几何特征简单。从管理关注的要素上讲,管网日常管理的任务如安全运行、资产管理、任务派工等都是在节点的基础上展开;调度管理在逻辑网络的层次上运行,关心具有实时参数的管网拓扑关系。

根据以上特点提出了有向节点的城市管网数据模型,给出了模型的相关概念和定义,分析了模型的数据结构。根据管理的层次将有向节点分为特征点、造型点和辅助点。定义了节点等级和复杂节点,以节点等级和复杂节点控制参与网络分析的层次。

数据模型的提出必然涉及相应的数据结构,以实现数据的存储和可视化。有向节点将管网的二元结构简化为一元结构,舍弃了网络要素边的存储和计算,使节点之间的关系显化和数据库表同质化。节点本身属性和节点关系以不同的关系表存储,将空间数据的操作转化为关系数据库表的操作,充分利用 SQL 的强大功能,完美地实现数据的维护、查询、统计和空间分析。有向节点模型对数据的操作,一是数据本身的操作,二是数据的可视化。数据的可视化主要是节点及其连接关系的符号化,定义了节点符号的基础结构,说明了可视化的方法。

　　城市管网在结构上解析为无向图或有向图,通过节点关系表的记录表示节点的向,有向图通过增加记录或设置阻力值的双向不同来表示。枝网的空间分析仅仅通过几何图形的特征便可完成;城市管网的环网结构的流向分析、追踪分析等必须依靠实时运行参数,结合管网行业运行规则和知识库求解。

　　有向节点模型不使用线的概念,并不是排斥线,在某些操作如制图和空间数据可视化方面,将节点及其关系构造的线以二进制存储能提高数据显示和刷新的效率,不适宜用存储的线进行空间分析。

　　有向节点模型的优势体现在:数据加工和维护,只需要采集节点,根据设定的规则节点关系自动生成;在本质上反映管网管理的特点,更易于数据集成;将管网网络简化为一元结构,便于数据库存储,充分利用数据库实现各种数据的操作和空间分析等。

第4章 空间数据内存引擎

　　地理信息系统的数据以文件或数据库形式存储,以实现数据的重复使用、备份、传输和共享。文件和数据库存储地理数据是 GIS 空间数据模型发展的不同阶段,目前地理数据动辄几个 GB 甚至达到 TB 级水平,基于文件的数据存储在数据安全、数据共享、数据恢复等方面存在很多问题,且难以从文件中抽取部分数据使用,这些无法解决的问题促使了基于空间数据库的产生。基于商用数据库的空间数据库引擎解决了数据安全、多用户并发操作、数据恢复、数据共享、版本控制等诸多问题,实现了海量空间数据的有效管理。空间数据库通过增加数据文件的大小和增加数据文件数量的方法保证不断增长的空间数据的存储与管理,而且数据文件可以存放到不同的物理设备上,依靠关系数据库实现空间数据的分布式存储。在高效的关系数据库上增加空间应用,是目前 GIS 数据存储的主流方向。

§4.1　空间数据内存引擎的提出

4.1.1　提出背景

　　计算机系统的数据流是从外存到内存,内存和 CPU 进行数据交换,在 CPU 中运算的数据结果返回内存,显示器等终端设备从内存中获取数据。海量的地理数据频繁的读取与回写消耗大量的时间,降低空间数据操作的总体效率。将部分关键空间数据常驻内存,以内存的空间换取空间分析的时间,在硬件水平和计算速度飞速发展的今天有明显的意义。根据摩尔定律硬件水平每 18 个月性能提高一倍,硬件的飞速发展使我们在进行 GIS 软件设计和开发时将精力主要集中于执行效率的提高,不必过度关注内存和 CPU 的使用量,这体现了以空间换时间的合理性。

　　目前几个主要的 GIS 平台软件公司大都产生于 20 世纪 60 年代,当时的计算机内存只有几十 KB。受到当时计算机的硬件限制,要保证 GIS 软件在不同的机器上运行,首先是优化软件对内存的使用量,以较小的内存占有率实现绝大多数功能,其关键是确定哪些数据什么时间调入内存,什么时间从内存中释放,以牺牲时间换取较小的空间占有率,这种思想符合当时的实际情况。但是随着地理数据的海量增长,空间分析的复杂性日益增加,硬件性能翻天覆地的变化和生活节奏的加快,人们在使用软件时更注重以更快的速度实现自己的需求,任何一项操作使用户进行漫长等待的最终结果将是使用户失去耐心,最终被用户抛弃。

无论是文件方式还是数据库方式均将数据存于硬盘、磁带机等低速的物理存储设备上,少数据量的访问掩盖了低速的存储设备和高速的内存、CPU 之间数据交换的差异。海量的地理数据从外存上频繁的读取所造成的图形显示、查询结果集的构造、数据提取效率低下是目前迫切需要解决的问题。

城市管网 GIS 是一个多客户端、多系统集成的综合系统,是所有其他系统的数据中心。GIS 客户端频繁地与空间数据库进行数据交换,非 GIS 客户端也需读取海量地理数据,每一次的刷新都是对空间数据库的一次操作。而且这些操作有时还需通过一定的数据引擎才能和底层关系数据库交换数据,这种频繁地读取硬件设备进行大数据量的刷新的时间效率非常低。ArcGIS 通过 ArcSDE 读取海量空间数据库的速度非常慢已经成为众所周知的事实。一次海量数据的全图刷新甚至都会超过用户的忍耐限度。Esri 是一个非常优秀的软件公司,ArcGIS 和ArcSDE 更是非常优秀的 GIS 软件,这是不争的事实。但为什么其基于空间数据库的海量数据操作的效率低下? 是不是需要一种新的思想来解决以上问题?

客户端对空间数据的访问的速度限制,一是在空间数据库的查询和检索结果集的构造时间,二是结果集在网络中的传输时间,三是在客户端进行数据集可视化的时间。在网络中的传输时间依赖于硬件设备,难以从软件体系上提高传输的效率。空间数据结果集的构造由关系数据库来控制,也不是本书的研究范围,况且对数据库厂商而言,已在尽力提高关系数据库的效率,短时间内难以获得质的提高,或者说关系数据库的查询效率已经很高。我们能做的就是减少对硬盘数据库的访问次数,将全局刷新改为增量刷新,将常用的数据在硬盘中的访问转移到内存中。在硬件设备飞速发展的今天,以较大的内存空间换取执行的时间效率是可取的,也是可行的。

4.1.2　异质数据同质化

随 GIS 应用的逐渐深入,众多的 GIS 软件公司诞生了,提出了多种多样的数据格式、数据库存储方案,但出于多种原因,这些格式结构不公开,GIS 软件开发商只是提供明码的交换格式进行数据的交换和互相利用。GIS 数据日积月累,GIS项目建设越来越多,不同数据格式带来的数据交换的信息丢失及工作重复的缺点越来越明显,这严重阻碍了 GIS 互操作和数据共享。甚至出现了专门进行数据格式转换的公司和 GIS 项目,无论从软件发展的规律还是社会投入方面来讲,同一数据对不同的使用应具有同质性,即不同的数据格式对同一应用是透明的,用户以同一种方式来使用它们不会感觉因为格式不同造成的差异。

4.1.3　异构数据库同构化

在空间数据库概念提出以后,GIS 数据由数据文件存储移植到关系数据库存储,异构数据库给空间数据的使用带来了同样的问题,ArcSDE 屏蔽异构数据库的不同,并增加某些关系数据库(如 SQL Server)不具备的空间数据处理功能,从而达到异构数据库对用户的透明,实现异构数据库的同构化。

Esri 提出 ArcSDE,以实现空间数据在不同数据库中的无缝操作。同样,国内外其他公司也推出各自针对数据库的无缝访问的引擎,如 MapInfo 的 SpatialWare、超图公司的 SDX 等空间数据引擎产品,在不同空间数据引擎基础上构筑应用,又出现类似不同数据格式相互操作的问题。

4.1.4　视图局部更新

GIS 软件在进行空间数据可视化时进行了一定的优化,以加快海量数据显示的速度。这种优化是针对当前视图的,在大比例尺显示时,由于当前视图内的空间数据量少,刷新整个视图是可取的,在小比例尺海量数据可视化时的视图全部更新时,时间延迟极为明显。特别是在数据维护过程中,刷新当前操作图形的局部视图具有明显的时间优势和理论意义。

4.1.5　空间数据内存引擎的概念

要从根本上解决异质数据同质化、异构数据同构化,屏蔽多种格式、多源数据、多空间数据库数据的差异,提高空间数据访问、计算和可视化的效率,应设计统一的数据存储、访问规则,减少对低速硬件设备的访问,提高对内存的使用率。目前的情况是,我们不可能设计一种各个 GIS 软件都认可的数据存储方案,最好的办法是仿照空间数据库引擎的思想,构造在异构、异质数据基础上的统一的访问层,其他所有应用从该访问层中获取数据,由该层和底层异构、异质数据互动。ArcSDE 等空间数据引擎屏蔽了异构数据库的差异,但是它仅将数据实现"翻译",在不同的数据库中传输和使用时,没有减少对空间数据的访问次数,没有提高数据操作的效率,也没有真正使空间数据透明化。

本书提出空间数据内存引擎的概念,就是将部分常用的关键数据驻留内存,数据直接从内存中读取,实现合理的内存调度和内存同步,最大限度地提高用户操作的响应时间效率。将这个统一的数据访问层实体化,作为底层数据对外服务的中间层,不仅仅是一个形式上的概念,而且具有实际的存储结构。如果将该层映射在硬盘上,相当于 ArcSDE 数据引擎的扩展,不只是针对不同的空间数据库的应用,而是将不同数据文件、不同数据库纳入统一的容器中进行访问。兼顾提高数据访问和可视化的效率以及实现数据的真正透明,在物理内存中构建统一的结构,将内存加载空间数据的机制称为空间数据内存引擎(spatial data memory engineering，SDME)。其结构体系如图 4.1 所示。

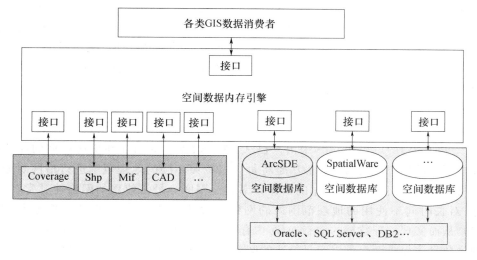

图 4.1　空间数据内存引擎的体系结构

§4.2　内存调度

　　内存调度是操作系统的核心部分之一，控制应用程序对内存页的使用和交换文件与内存页的数据交换。操作系统有一套严密的算法保证应用程序对内存的使用，其将最常使用的内存页驻留内存，将非经常使用的内存页和交换文件进行动态数据交换，以保证应用程序对内存的高效使用。本书所说的内存调度不是操作系统对内存的调度，而是指空间数据在内存中的合理动态加载。

　　空间数据是海量的，尽管硬件性能飞速提高，内存容量越来越大，但是内存总是有限的，在小数据量时可以将所有数据加载到内存，GB 级乃至 TB 级的数据无法一次加载到内存中，应根据操作的数据决定哪部分数据驻留内存，哪部分数据存储到外存。WinAPI 也提供一些函数对内存使用进行控制，它们控制的是内存页和交换文件的动态交换，并不是我们所指的空间数据何时加载、何时迁出的问题。GIS 平台从产生开始就以分层解决制图和数据的存储问题，同一层数据根据地理范围划分网格构建索引，实现"纵向分层、横向网格"的数据分析原则。

4.2.1　纵向分层

　　关于分层的原因和如何分层在第 2 章已有详细的叙述，就目前对 GIS 的理

解,分层似乎是不可避免的。分层不仅有利于制图,在空间分析、数据检索等方面
也有一定的优势。况且由于面向对象的空间数据库目前尚不成熟,关系数据库不
支持同一数据库表的不同记录具有不同的字段,例如尽管同为点状设施,但是开关
和变压器具有不同的必需字段,那么现有的技术水平还只能将开关和变压器分为
不同的图层。对空间数据内存引擎来说,数据分层既兼顾地理数据的现状,又可以
减少每一层的数据量,利于内存管理。内存引擎根据空间数据的分层加载不同的
内存表,解决有限内存和海量空间数据的矛盾。

4.2.2　横向网格

纵向分层的思想在 GIS 中由来已久,随着数据量的增加和快速查询的需要,
横向网格的思想被提出。其做法是将每一层按照不同的地理范围进行格网划分,
以格网建立索引,根据对数据的操作频率和范围区分最常使用的网格使其常驻内
存,对长时间不使用的地理范围内的网格及时迁出,以备加载新的地理范围(网
格),从而实现地理数据的动态加载,内存的动态使用。以多大地理范围划分网格、
网格数量多少是两个难以定量描述的问题,与地理数据的密度、内存的大小、数据
分析的具体算法等诸要素有关,以数据量的大小计算格网划分,或者通过地理范围
进行网格划分是比较实用的方法。纵向分层、横向网络和内存动态加载示意如图
4.2 所示。

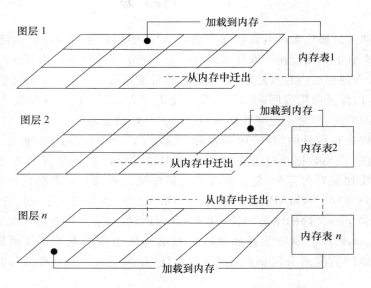

图 4.2　纵向分层、横向网格和内存动态加载示意

§4.3　数据同步

　　文件和数据库的数据修改以后,必须保存或提交数据修改,并且其他使用该数据的用户需重新读取文件或数据库才能实现数据的刷新,这一数据更新规则能满足多数用户的需求。但是作为操作对象主要为地理数据的 GIS 用户来说,有时需要实时得到别的用户对某一数据的操作,以便根据地理位置和拓扑关系进行其他数据的编辑。例如,我们加工某一地区地下管线数据过程中,尽管可以通过定义每个操作的许可地理范围而在一定程度上控制数据的遗漏和重复,但是在边界处往往造成数据的不一致,要么是数据的重复加工,要么是数据丢失,最好的办法就是一个人的数据操作在别人的机器上同时显示出来,当用户在同一地理范围操作时能够参考已加工的数据,同时对已加工数据也是一次检查。现有的平台软件由于设计思想的问题尚无法满足这一要求,空间数据内存引擎通过对操作数据的局部更新达到数据即时同步。

　　内存引擎的优点之一就是提高工作效率。如果每一步操作都提交数据库或保存到文件,内存引擎在速度上没有优势可言。空间数据内存引擎有两种方式实现空间数据编辑的动态局部更新:一是设置单独的空间数据内存引擎服务器,作为数据访问的中间服务器,客户端对数据的修改通过内存服务程序发送至中间服务器,其他客户端定时刷新中间服务器或者由中间服务器定时发送所修改的数据信息,在其他客户端的内存中实现同步;二是各客户端的内存服务程序之间直接发送同步消息实现数据动态局部更新。内存数据同步结构描述见图 4.3。

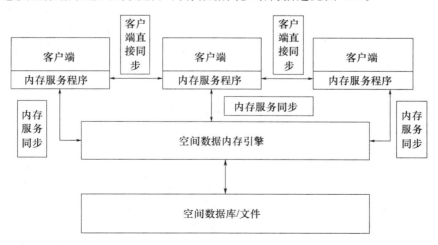

图 4.3　内存数据同步结构描述

§4.4　空间数据内存引擎的结构

从本质上来讲,将上述的统一访问层在硬盘上构建和在内存上构建是具有相同的结构,但是由于内存自身的特点——数据是暂时性的、容量相对较小,一台机器的内存也不可能全部为 GIS 程序所用,还须对内存进行合理的利用,控制数据的动态加载和释放。内存结构的定义依赖于系统总体框架的结构,即上层应用的需要。如本书提出城市管网的有向节点模型,内存结构需根据有向节点的相关定义和数据结构进行定义。

内存结构在具体实现上通过对内存空间的开辟进行内存使用的划分,在软件退出时,还必须进行内存结构的保存,即转化为底层数据的格式进行存储。具体的结构设计如下(仅给出框架代码):

```
Typedef struct MemStruct{//定义          class MemOper{//内存数据操作
内存表的结构                              CreateMemStruct();
    ObjectID        long;                LoadFileStruct();
    CSymbol         symbol;              LoadDatabaseStruct();
    CGeometry       shape;               UseMemSize();
    Attributes      …                    MemAdd();
    …                                    MemFree();
    };                                   …};
```

在 C++语言中,对内存进行操作的函数有 new、delete 等。

在 C 语言中,内存操作函数有 memallocate、memfree、memcopy、memset 等。

对 GIS 数据消费者来说,从内存中读取的数据和从硬盘中读取数据具有一致性,他们不必考虑数据是来自于硬盘还是空间数据内存引擎,一切由接口来解决。在§4.6 中将根据有向节点模型详述内存引擎的结构。

§4.5　数据分析

如图 4.1、图 4.3 所示,空间数据内存引擎是架构在数据消费者和数据提供者之间的中间层,既不影响下层的数据存储方式,也不会影响上层的空间分析、数据查询检索和统计等。对空间数据内存引擎的使用,无论是上层应用还是下层数据都是通过接口来实现,因此已有的数据分析的算法、思想等无须改变,保证了上层数据使用者的独立性和稳定性。不过使用空间数据内存引擎,对数据的操作需要根据内存的结构进行编码设计,开发的工作量很大,且有一定的难度。因而为充分利用空间数据内存引擎的优越性,舍弃了诸如 SQL 直接对数据库的查询统计及已有平台现成的算法实现等优点。

§4.6　有向节点模型的内存引擎结构

单就有向节点模型来说，完全可以不使用内存引擎而完成所有操作，如数据编辑、空间分析等。为了叙述的方便下文均以有向节点和内存引擎结合的方式说明数据的各种操作。智能化的 SQL 语句使编程变得异常简单，有向节点模型充分利用了数据库对 SQL 语言的支持，使网络分析非常容易实现。SQL 语句是面向操作的语言，以接近自然语言的命令方式实现所需功能，但并不意味着其具有很高的执行效率，更不能保证空间数据维护的一致性。如上所述，将地理数据加载到内存的主要目的是：提高关键数据空间分析的效率，实现不同客户端的数据同步；将内存引擎作为数据维护时的缓存提高数据编辑的效率，提高数据显示和刷新的效率，实现异构异质数据的统一操作；实现基于文件的多用户并发操作，在统一的框架下实现数据的集成，这也是 OpenGIS 互操作的一种实现方法。

有向节点的内存结构并不等同于空间数据的存储结构；故要实现用户的并发操作、操作的多级回退、用户操作的冲突控制等，必须设计独特的内存结构，增加相应的控制参数。有向节点模型的存储结构一般如表 4.1 和表 4.2 所示。

表 4.1　有向节点模型的空间数据库物理存储结构——节点属性

ObjectID(Fnode)	ObjectID（Tnode）	Weight

表 4.2　有向节点模型的空间数据库物理存储结构——节点关系

ObjectID	Position	Attribute

这些参数描述的是节点数据本身的属性，内存结构需增加以下参数：MachineID，表示当前操作的机器；UserID，表示当前操作的用户；Time，表示操作的时间，以服务器时间为准，用以界定不同用户对节点操作的时间顺序；OperCode，数据操作代码，表示数据操作的类型，如添加、删除、移动、节点关系修改等；OperOrderNum，表示数据操作的顺序，用于实现操作的撤销（回退）。因此有向节点模型的内存引擎数据结构表示见表 4.3，其中 MemRow 表示节点关系在内存的行号（顺序号），因为节点关系非 1：1 的关系，MemRow 的数值多于节点总数。

表 4.3　有向节点模型的内存结构

MemRow	ObjectID(Fnode)	ObjectID(Tnode)	Weight

为减少数据冗余，将节点本身的属性单独存储如表 4.1（b）所示，并增加节点

操作的内存控制表 MemOperControl（表 4.4），用以实现撤销操作和记录用户对数据的操作，此表可以保存为文件，即用户的操作日志。

表 4.4　　有向节点模型数据操作过程的内存控制表 **MemOperControl**

ObjectID	MachineID	UserID	Time	OperCode	OperOrderNum

　　内存数据结构的原始空间数据来源多种多样，如果数据从无到有那么完全按照有向节点的要求可以轻松构筑出相应的结构体。但是我们往往需要利用已经存在的空间数据，这些空间数据可能存在于不同的数据库，或以不同的文件格式保存，或存在于不同的系统中，故我们就必须通过各自专有的接口读取数据，并依据有向节点的要求创建内存结构。

§4.7　空间数据内存引擎的扩展

　　将部分（全部）关键数据加载到内存，在内存中构造数据消费使用的结构，是空间数据内存引擎的本质。在管网 GIS 中，GIS 几乎总是和实时监控系统紧密耦合，在 GIS 中必须集成 SCADA 的实时数据，以在地理图上进行与地理位置相关的计算和数据分析。实时监控数据的刷新频率很高，实时数据按指定的频率从实时库插入到历史库。GIS 不存储 SCADA 的历史数据，在空间数据内存引擎中开辟相应的实时数据接收部分，实现实时数据的同步传输和显示。在 GIS 中开辟实时内存和 SCADA 的实时库同步，是目前 GIS 和 SCADA 系统集成的最理想方法。因此空间数据内存引擎成为具有实时特征的实时空间数据内存引擎 RSDME（real-time spatial data memory engine）。

　　空间数据内存引擎的结构完全可以迁移至硬盘，在硬盘上构造内存引擎的结构。尽管损失了时间效率，但该结构屏蔽了空间数据的差异，实现了所有空间数据的均一化，将非透明的空间数据透明化，是实现不同空间数据互操作和 GIS 无缝集成的基础，该结构事实上是统一的空间数据引擎 USDE（universal spatial data engine）。

　　在数据集成和实例部分将具体讨论基于空间数据内存引擎的数据集成和其他关键技术的实现细节。

§4.8　本章小结

　　空间数据存在的事实是多种格式、多种结构、多种数据库的数据同时并存，其是空间数据的共享、交换和数据互操作的最大障碍。为实现异质数据同质化、异构数据同构化,实现不同数据的均一化,达到空间数据消费的透明、无缝,提高数据访问、空间分析和可视化的效率,提出了空间数据内存引擎的概念。

提出了"纵向分层、横向网格"的内存数据调度的方法,以解决内存容量与海量空间数据的矛盾。纵向分层兼顾了当前空间数据分层存储的现实,横向网格对地理数据进行分块,提高数据查询检索和分析的效率,减少内存使用量。

数据同步是空间数据内存引擎的一个优点,在不同客户端上实现空间数据编辑的实时同步,减少数据流量。数据同步具有明显的理论意义,但目前尚无平台软件做到空间数据编辑的实时同步。

设计了空间数据内存引擎的数据结构,即在内存上进行空间的划分,根据数据需要进行合理的组织。在内存中进行数据的分析和查询等操作和在硬盘上进行操作具有一致性,只不过这些操作需要开发者自己编写代码并保证其稳定性,具有实现上的难度。为了配合有向节点的概念,给出了基于有向节点模型的空间数据内存引擎的数据结构。

空间数据内存引擎具有很强的扩展性,在其上增加实时数据功能,成为实时空间数据内存引擎。将空间数据内存引擎移植到物理硬盘上,即构成不同空间数据访问无缝透明的统一空间数据引擎。

当然,使用空间数据内存引擎必然会舍弃已有的平台软件的优点,如无法使用SQL 直接访问数据库进行查询检索和数据统计、无法使用 GIS 平台软件提供的现成的各种分析工具等。

第5章 管网地理信息系统多数据集成的统一框架

　　地理信息系统已经广泛应用到城市管理的各行各业,城市管网作为城市管理的主战场,是 GIS 在城市管理中的主要应用领域,一大批城市管网地理信息系统已经建立,随着网络技术的发展和城市智能化管理的需要,要求将分散运行的各个系统在统一的集成框架下协同工作,提高运行效率和行业管理水平。数据集成也是 GIS 发展的内在要求,GIS 本身就是空间数据和属性数据的集成。

　　城市管网地理信息系统作为高度业务化的系统,信息来源分散、信息获取多样、信息种类繁多、信息容量巨大,对信息进行处理的行业模型众多,模型与数据的联系复杂,空间数据处理系统与 MIS、SCADA、OA、CIS 等紧密连接,涉及的单位人员众多,是一种异构硬件、异种软件、异构网络环境、异种开发平台、多个开发部分和组织高度集成的大型业务化管理系统。随着计算机技术和软件工程的发展,空间数据库技术、组件技术、面向对象技术等促使 GIS 的发展由低层次的软件开发逐步过渡到高水平的系统集成化阶段,这无疑是一个巨大的飞跃。GIS 的系统集成被赋予了更宽泛的概念,有系统间的横向集成,也有地理信息系统本身功能的纵向集成。横向集成更关注 GIS 与其他 GIS、GIS 和非 GIS 等的数据共享和互操作,实现数据的无缝访问。纵向集成更关注系统内部功能的优化、功能的重用、功能的位置透明等。基于有向节点的城市管网地理信息系统是一个高度集成的无缝的智能化 GIS,在统一的框架下完成 GIS 空间数据的操作。

§5.1 地理信息系统多数据集成的概念

5.1.1 地理信息系统集成的概念

　　Weston 认为"集成是将基于信息技术的资源及应用(计算机硬件/软件、接口及机器)积聚成一个协同工作的整体",集成包含功能交互、信息共享和数据通信。美国信息技术协会认为"集成是根据一个复杂的信息系统或子系统的要求,对多种产品和技术进行验证后,把它们组织成一个完成的解决方案的过程,系统集成的效果应该是 $1+1>2$"。李德仁等认为空间信息技术体系的核心和基础是"3S"技术及其集成,"集成是一种有机的结合,在线的连接、实时的处理和系统的整体性"。"3S"技术可以在不同的技术水平上实现。

GIS 集成的观点可分如下几类：①GIS 功能观点，认为数据集成是地理信息系统的基本功能，主要指由原数据层经过缓冲、叠加、获取、添加等操作获得新数据集的过程；②简单组织转化观点，认为数据集成是数据层的简单再组织，即在同一软件环境中栅格和矢量数据之间的内部转化或在同一简单系统中把不同来源的地理数据（如地图、摄影测量数据、实地勘测数据、遥感数据等）组织到一起；③过程观点，认为地球空间数据集成是在一致的拓扑空间框架中地球表面描述的建立或使同一个 GIS 中的不同数据集彼此之间兼容的过程；④关联观点，认为数据集成是属性数据和空间数据的关联，如 Esri(1990) 认为数据集成是在数据表达或模型中空间和属性数据的内部关联，David Martin 认为数据集成不是简单地把不同来源的地球空间数据合并到一起，还应该包括普通数据集的重建模过程，以提高集成的理论价值。

GIS 的集成不仅仅是空间数据的集成，而是一个多系统、多种数据、多种数据库的整体化融合，空间数据集成在 GIS 集成中研究较多，方法较为成熟。GIS 的集成还应该包括行业模型的集成、知识库规则库的集成甚至是社会经济要素的集成。集成不仅是数据的简单叠加、系统各部分功能的简单组合，还是基于已有数据的知识发现和数据挖掘，以从集成中得到各子系统所不具有的高级功能。GIS 发展到现在，已由简单的针对某一具体应用的系统发展为现在的社会化的综合服务系统，但仅靠 GIS 无法满足社会化、智能化服务的需要。GIS 的最终目的是数据服务和数据支持，最高境界是人们在生活中处处用到 GIS，却又感觉不到 GIS 的存在，数据集成是达到此目的的主要技术手段和核心。

5.1.2　多数据的概念

一提到数据集成，人们首先想到的是多源数据集成，而多源数据集成又主要指"3S"集成。当然，"3S"集成是多数据集成的基础，但是多数据集成不仅仅是多源数据的集成，还是多种来源、多种格式、多种形态、多种系统、多种数据库数据、多种结构等数据的集成。多数据的概念狭义上理解也是多源数据，只不过"源"的包含更加广泛、更加通用。多数据定义为"能够以各种方式参与到 GIS 的各个部分、各个过程中，实现特定功能的数据"。因此 GIS 中多数据应该包含：多格式数据（Esri 公司各种数据格式、MapInfo 数据格式、Intergraph 公司数据格式、通用交换数据格式等）、多源数据（GPS、RS、社会统计数据、专题数据等）、多系统数据（MIS、OA、ERP、CIS 等）、实时数据（SCADA、GPS 实时定位数据、导航数据等）、异构数据库数据（Oracle、Sybase、DB2、SQL Server 等）、各种统计数据等。

"3S"集成作为多数据集成的重要组成部分，国内外对此进行了大量的研究，取得了一系列成果，也有多本相关专著出版。为了实现真正的"3S"技术集成，需要研究和解决"3S"集成系统设计、实现和应用过程中出现的一些共性的基本问题[54-56]，如"3S"集成系统的实时空间定位、一体化数据管理、语义和非语义信息的自动提取、数据自动更新、数据实时通信、集成化系统设计方法以及图形和影象的空间可视化等,为进一步设计和研制实用的"3S"集成系统提供理论、方法和工具,数据互操作为多源数据集成提供了崭新的思路和规范。

GIS 多数据集成中,GIS 不是作为一个总体的部件参与协同工作的,而是作为整个集成系统的核心和信息岛的中心,是数据交换的中心和底层支持。其他系统和数据都在 GIS 平台的基础上进行工作。GIS 和其他系统不是平行的关系,而是在 GIS 的框架下纳入其他系统的数据和功能,GIS 作为统一的操作平台和用户界面实现用户的所有功能。

5.1.3 管网地理信息系统中的多数据

管网地理信息系统中使用的数据主要是和图形相关的多种格式的空间数据,如 MIS 管理的各种设备资料、CIS 管理的用户资料、SCADA 监测的实时管网运行工况数据、检修和导航使用的 GPS 动态数据、判断地形起伏的 DEM 数据或 RS 数据、用户管网规划的社会统计数据等。

§5.2 集成的发展现状

随 GIS 的产生而出现的 GIS 集成,长期以来对其研究停留在数据共享、数据格式转换等低层次上,研究的对象主要是不同数据的利用、数据转换的方法、制定统一的数据格式转换规范等。目前对 GIS 集成的理论研究、框架体系研究和集成的 GIS 互操作研究等也尚处于较低的层次。

5.2.1 地理信息系统集成的发展

GIS 集成的发展和 GIS 本身的发展密切相关,也经历了以下五个阶段。

1. 地理信息系统的软件集成

由于 GIS 刚刚产生,GIS 平台软件功能薄弱,尚处于试验化阶段,提供的功能还不能满足应用的需要。此阶段的 GIS 集成要从底层代码实施,借以增加平台软件的功能。集成的通用性和可扩展性差,集成的应用范围窄。

2. 地理信息系统与其他过程模型的集成

随着 GIS 的发展和应用领域的扩大,GIS 的简单分析功能已远远不能满足需要,尽管大多数 GIS 软件能通过宏语言和内部函数提供统计分析等基本的分析手段,可是地学工作者或者其他应用需要的是更为复杂的业务模型和知识规则。此时 GIS 的集成主要是平台软件和行业模型的集成。将具体行业的规则加入到 GIS 应用中,提高 GIS 的分析功能。

3. 基于组件技术的地理信息系统集成

软件技术和思想的发展深深影响着 GIS 的发展,组件技术的出现使得软件产业的形式发生了巨大的变化,COM 思想使得软件编程模块化,编程变成软件的组装[57]。GIS 平台厂商纷纷推出自己的二次开发组件,比较知名的有 Esri 公司的 MapObjects、MapInfo 公司的 MapX、Intergraph 公司的 GeoMedia、Apollo 公司的 Titan、超图公司的 SuperMap Objects 等,用于 WEB-GIS 开发的控件有 MapObjects Java Standard Edition、MapXtreme 等。组件技术对 GIS 集成影响很大,很长一段时期内包括现在 GIS 行业软件基本上都是在组件的基础上开发,GIS 组件完成 GIS 应具有的空间数据的查询分析和数据操作。此时开发者将主要精力放在行业应用上,在此基础上完成 GIS 的集成。

4. 融入 IT 主流的地理信息系统共享平台的集成

IT 界人士逐渐认识到 GIS 是 IT 产业新的增长点和重中之重,在技术使用和思想体系上,GIS 已经融入了主流 IT 行业。在统一的框架下,实现 GIS 的整体性、一体化集成,实现 GIS 的互操作是目前 GIS 集成研究的热点。

5. 地理信息系统作为社会信息化服务的基础平台

GIS 作为一个信息化软件的目的是为了更好地管理空间数据,更智能化地管理城市,所有的研究从根本上讲就是满足这个要求。80%~85% 的数据都与地理位置有关,也就是说其他服务社会的信息系统均与 GIS 密切相关,GIS 不仅是一个单独的信息化平台,还是所有信息化平台的基础。集成也应该以 GIS 为中心进行,其他信息系统作为综合 GIS 的部件参与进来,GIS 作为综合社会服务的支撑平台和服务于其他平台的平台而存在。

GIS 的集成从低层次的软件开发到高水平的系统集成,是一个巨大的飞跃。GIS 的集成应该是全方位的集成,它和 GIS 的构建方式、体系架构、软件思想紧密相关[58-65]。其主要包括空间数据和属性数据的集成,多源空间数据的无缝集成,GIS 与元数据的集成,GIS 与应用模型的集成,GIS 与专家库、规则库、知识库的集成,GIS 共享平台的集成等内容。

GIS 集成的发展过程可用图 5.1 来表示。

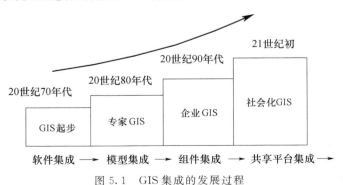

图 5.1　GIS 集成的发展过程

5.2.2　地理信息系统集成存在的问题

就目前 GIS 集成的理论、方法和技术水平而言,GIS 集成存在不少问题,主要表现在以下几个方面:

(1)集成理论研究较少,没有形成理论体系。目前 GIS 集成研究的重点主要是模型集成和软件技术集成等方面,模型集成主要考虑业务模型怎样和 GIS 结合,软件技术集成主要从实现的角度探讨集成。受"应用驱动"和"技术导引"影响的研究人员对 GIS 集成的研究往往停留在如何实现集成,如何使集成更加高效和符合业务化系统的需求,而对 GIS 集成本身的研究较少,缺乏统一的理论体系,使得 GIS 的集成一直处于较低级的层面。

(2)集成方法不够完善。尽管许多学者提出了多种多样的 GIS 集成方法和思想,但这些想法往往是基于具体的应用,某些 GIS 集成的理论和方法可能对 GIS 建设有很好的指导作用,但是从整体来讲,GIS 集成的方法和思想还是支离破碎、不成系统、不够全面。集成的方法无非是通过数据库、共享文件等实现数据的共享和再利用,还没有更好的集成方式出现。

(3)集成的认识不足。人们往往认为 GIS 集成就是不同 GIS 软件能够调用不同格式数据或者不同系统数据或者不同数据库的数据,从而实现用户的数据分散、应用集中的需要。但由于没有看到 GIS 集成具有数据融合、数据挖掘和知识再发现的本质,集成停留在数据的简单利用而非一体化的整体性应用。

(4)没有统一的框架体系。GIS 集成只是针对具体的应用研究多系统集成,没有形成统一的 GIS 集成的框架体系,更没有在统一的框架下研究整体性集成的方法和理论。

总之,GIS 集成尽管随 GIS 产生而产生,大量运行的 GIS 或多或少地应用了集成的方法,但是目前并没有形成一整套研究 GIS 整体性集成的理论与方法。一提及 GIS 集成仿佛专指"3S"集成,尽管在"3S"集成上研究较多,也取得了不少成果,但没有考虑到在统一框架下以 GIS 作为基础平台和数据交换中心的综合集成。由此可见,有必要对 GIS 集成进行再认识,从不同角度入手,统一 GIS 集成的理论和方法体系,形成统一的为 GIS 界所公认的框架体系,完善描述 GIS 集成,推动 GIS 向社会化的服务系统发展。空间数据内存引擎是较好的数据集成的统一框架体系。

5.2.3　管网地理信息系统集成的现状

城市管网 GIS 集成存在的主要问题和整个 GIS 集成存在的问题是一致的。当前城市管网 GIS 的工程应用较多,在已建成的 GIS 中,或多或少地集成了一些

MIS、SCADA 等的应用,这些集成的方法基本上都是基于共享数据库表或者文件来实现数据的传输和利用。这是停留在字段关联上的静态数据的集成,很少关注管网自身特点与 GIS 集成之间的关系,特别是管网 GIS 集成基本理论研究目前基本上处于空白。管网 GIS 有其自身特点,应根据管网 GIS 的管理需求和运行模式,探讨基于 GIS、服务于综合智能化决策的综合集成思想和方法。

§5.3　集成的模式、内容与方法

管网 GIS 的集成有自己的特点,如和实时数据结合紧密、与用户的业务化系统功能一体化、是用户的动态的决策支持系统等。但从集成的框架、模式、内容和方法上同通用 GIS 的集成有很强的同质性。GIS 集成的基础理论和方法可借鉴引用到城市管网 GIS 的集成研究中。下面结合管网 GIS 的集成探讨集成的模式、框架、内容与方法。

5.3.1　集成模式

GIS 集成的理论尽管不成体系,但是许多学者提出了各自的理论和构思,阐述GIS 集成的模式,总结如下。

1. 基于数据的集成

数据集成是把不同来源、格式、特点、性质的地理空间数据进行逻辑上或物理上的有机集中,在这个过程中充分考虑到数据的属性、时间和空间特征,数据自身及其表达的地理特征和过程的准确性。其目标是通过对数据形式特征(如格式、单位、比例尺等)和内部特征(属性等)进行全部或者部分调整、转换、分解、合成等操作,使其形成充分兼容的无缝数据集。无缝是指属性、时间和空间上无间断,这三者是一体的,必须同时达到,仅在某一方面或者两方面达到是不够的。

目前数据模式集成的方式主要有数据格式转换模式、数据互操作模式和直接数据访问模式三种。

1)数据格式转换模式

对其他软件数据格式的包容性,是衡量一个 GIS 软件是否成功的重要标准之一。数据格式转换是集成多格式数据的一种通用方法。GIS 软件通常都提供与多种格式交换数据的能力。数据交换一般通过文本的(非二进制的)交换格式进行,为了促进数据交换,美国国家空间数据协会(NSDI)制定了统一的空间数据格式规范(spatial data transfer standard,SDTS),我国也制定了地球空间数据交换格式的国家标准(chinese spatial data transfer format,CNSTDF)。业界还流行着一些著名软件厂商制定的交换格式,如 AutoDesk 公司的 DXF、Esri 公司的 E00、MapInfo 公司的 MIF 等,由于广为大众所接受,成为事实上的标准(factor-standard)。

由于缺乏对空间对象统一的描述方法,不同格式用以描述空间数据的模型不尽相同,以至于数据格式转换总会导致或多或少的信息损失。DXF 着重描述空间对象的图形表达(如颜色、线型等),而忽略了属性数据和空间对象之间的拓扑关系;E00 侧重于描述空间对象的关系(如拓扑关系)而忽略了其图形表达能力。因此,CAD 数据输出为 E00 格式将丢失颜色、线型等信息,而 ArcInfo 数据输出到 DXF 时则会损失拓扑关系和属性数据等有价值的信息。

另外,通过交换格式转换数据的过程较为复杂,需要首先使用软件 A 输出为某种交换格式,然后再使用软件 B 从该交换格式输入。一些管理部门同时运行着多个使用不同 GIS 软件建立的应用系统。如果数据需要不断更新,为保证不同系统之间数据的一致性,需要频繁进行数据格式转换。

2)数据互操作模式

(1)数据互操作模式的原理。数据互操作模式是美国开放地理信息系统协会(Open Geospatial Consortium,OGC)制定的数据共享规范。GIS 互操作是指在异构数据库和分布计算的情况下,GIS 用户在相互理解的基础上,透明地获取所需的信息。根据 OGC 颁布的规范,可以把提供数据源的软件称为数据服务器(data servers),把使用数据的软件称为数据客户(data clients),数据客户使用某种数据的过程就是发出数据请求,由数据服务器提供服务的过程,其最终目的是使数据客户能够读取任意数据服务器提供的空间数据。OGC 规范基于 OMG 的公共对象请求代理体系结构(common object request broker architecture,CORBA)、Microsoft 的 OLE /COM 以及 SQL 等,为实现不同平台间服务器和客户之间数据请求和服务提供了统一的协议。OGC 规范已得到 OMG 和 ISO 的承认,逐渐成为一种国际标准,虽然目前还没有商业化 GIS 软件完全支持这一规范,但其很快会被越来越多的 GIS 软件以及研究者所接受和采纳。

(2)数据互操作模式的不足。数据互操作更多地采用了 OpenGIS 协议的空间数据服务软件和空间数据客户软件,对于那些已经存在的大量非 OpenGIS 标准的空间数据格式的处理办法还缺乏标准的规范。目前,非 OpenGIS 标准的空间数据仍然是已有数据的主体,而且还在大量地产生。因此,如何继续使用这些 GIS 软件和共享这些空间数据对于 OpenGIS 标准来说是难以解决的难题。除此之外,GIS 互操作在应用中还存在一定的局限性。首先,为真正实现不同格式数据之间的互操作,需要每种格式的宿主软件都按照统一的规范实现数据访问接口,这在一定时期内还不能实现;其次,一个软件访问其他软件的数据格式是通过数据服务器实现的,这个数据服务器实际上就是被访问数据格式的宿主软件,也就是说,用户必须同时拥有这两个 GIS 软件,并且同时运行,才能完成数据的互操作过程,显然,这将不可避免地增加了用户的负担。

3)直接数据访问模式

直接数据访问是利用空间数据引擎的方法实现多源数据无缝集成,即在一个GIS软件中实现对其他软件数据格式的直接访问、存取和空间分析。目前使用直接数据访问模式实现多源数据集成的GIS软件主要有Intergraph的GeoMedia和SuperMap。直接数据访问不仅避免了烦琐的数据转换,而且在一个GIS软件中访问某种软件的数据格式不要求用户拥有该数据格式的宿主软件。从上述角度来看,直接数据访问提供了一种更为经济实用的多源数据共享模式。

针对每一种要直接访问的数据格式,客户软件都要编写被访问的宿主软件数据格式的读写驱动,即数据引擎,所以直接数据访问必须建立在对宿主软件数据格式的充分了解之上。如果宿主软件数据格式不公开,或者宿主软件数据格式发生变化,为了获得对该数据格式的直接访问,客户软件就不得不投入大量的人力和财力去研究该宿主软件数据格式。这样客户软件在开发过程中的难度无疑将会大大增加,并且限制了软件的可扩展性,使得客户软件可直接访问的数据格式种类有限。更为重要的是,当每个GIS软件都实现了对其他流行GIS软件格式数据的直接访问时,每一个GIS软件都要在其内部实现读取相应数据的驱动程序。除了单个GIS软件需考虑上述问题之外,从整个GIS行业来看,这样的数据集成模式必然要浪费大量的人力物力,无疑也是不可取的。

2. 模型集成模式

GIS的集成主要是GIS与模型的集成这种观点认为GIS的集成实际上是以数据为中心的,把应用模型和GIS协调在一起的系统工程。它不仅是多种数据集的融合与集中管理,也不仅是多目标统一数据库的建立,还体现在统一的用户界面、无缝数据库、嵌入式的分析机制和面向专业领域的应用。

大量业务化运行的GIS,需要在GIS的基础上进行决策支持。当前GIS面临的主要问题之一是:"以数据的采集、存储、管理和查询检索功能为主的GIS不能满足社会和区域可持续发展在空间分析、预测预报、决策支持等方面的要求,直接影响到GIS的效益和生命。"因此,为提高GIS的应用效率,扩展GIS的应用领域,摆脱单纯的查询、分析和检索功能,必须加强GIS与应用分析模型的集成,GIS集成代替系统平台软件的开发成为GIS领域最为活跃的研究热点之一。但是长期以来,GIS和行业应用模型本身在各自的领域内各自发展、相互独立,数据的兼容性、互操作性成为GIS集成的难点之一。

GIS与行业模型的结合既可以发挥GIS在空间操作方面的优势,又可以提高GIS应用系统的行业功能,弥补各个专业领域空间分析功能的不足。利用GIS强大的图形图像功能,结合行业的专有模型提高行业决策的水平和预测分析能力。根据系统间数据交换和共享的方式不同,集成的结构可以是松散的和紧密的。松散的集成系统通过 GIS 和专业模型的 import/export 完成数据的转换,生成各自能接受的数据集;紧密耦合通常使用内嵌的分析功能和宏语言集,以此构造高度功能复合和代码可重用的集成环境。这就要求 GIS 人员了解构模人员的需求,把更多的行业方法纳入到 GIS 体系中。模型人员必须了解 GIS 的功能,找到两者契合的切入点。

3. 三级集成模式

这种观点将 GIS 集成分为三种模式进行描述:内模式、外模式和概念模式。

1)内模式

许云涛等人认为将 GPS 数据、RS 数据和 GIS 数据集成在一个系统中,构成一个以 GIS 为基础的"3S"系统,这种集成称为内模式。内模式主要描述利用特殊的硬件和软件环境完成概念模式的所有特征,它主要与文件结构、数据结构以及操作等有关。内模式由完成各组成部分的基本环境决定,例如,如果建立一个组成部分时利用了某一操作系统和程序设计语言,那么内模式就是将概念模式映射为由这些操作系统和程序设计语言提供的数据和程序的集合;如果组成部分利用了某个 GIS 作为开发工具,那么内模式就是由 GIS 开发者提供给应用开发者的数据和程序的集合。

2)外模式

将多个内模式集成的系统集成在一起,构成一个具有统一界面的系统,称为外模式。其集成程度更高也更加高效。外模式主要描述一个组成部分对另一个组成部分的服务,这些服务包括指令语言,它是数据概念模式的一部分,但用户能用它来表达各种操作。外模式可反映一个组成部分访问对一个组成部分内部功能和数据的权限,这些权限包括数据独立性、逻辑规定和操作高级视窗,以及与数据库保持完整性等因素。

3)概念模式

描述组成部分关于目标存储和处理的结构、基本操作和目标-目标以及目标-操作的关系和依赖性。概念模式决定现实世界模型的规范化描述,和扩展的语义集有关。例如,GIS 数据库记录土壤类型必须建立在土壤化学特征上,而地下水模型所需的土壤类型是建立在土壤物理特征上,因此目标的名称、特征以及操作都不相同,这些都由概念模式表达出来。

4. 集成框架模式

上述三种模式还是停留在数据的简单集成和模型的引入上。有的学者提出了集成平台框架模式。他们认为在 GIS 的各种集成形式中,都存在如下问题需要解决:

(1)地理信息采集和应用的分布性特点决定了 GIS 的分布性,GIS 集成需要一种分布式空间数据管理和分析模型的相互通信机制,这种机制既可以适应目前比较成熟的基于数据文件的交换形式,又可以为以后基于应用程序接口面向对象的 GIS 集成提供发展余地。

(2)地理信息涉及不同的时间、空间和属性,需要有一种有效的地理数据管理机制,并提供数据融合的能力。

(3)地理分析模型与多种地理数据发生联系,不同模型之间有复杂的串并联关系,模型的组织与管理是需要解决的重要问题。

因此,张健挺等人提出了基于客户/服务器机制的 GIS 集成总体结构,该结构基于元数据的数据库集成平台和基于关系数据库的模型集成平台的 GIS 集成的思路所构建。

5. 统一内存引擎模式[3,66]

综合以上各种集成模式,分析其优缺点,本书提出了统一空间数据引擎集成模式,通过定义接口将所有格式、分布式数据库、异构数据库、多个系统等数据读入系统,按照规定的格式构筑新的数据集。如果在内存中构筑该数据集,该数据集便成为本书研究的重要组成部分:空间数据内存引擎。这种集成模式屏蔽了数据的差异性,客户端软件只需一次编程即可将所有的数据读取和进行空间分析,真正实现数据格式透明、异构数据库透明、多系统透明、位置透明。这也是目前实现 GIS 数据互操作的最优方法。

5.3.2　集成内容

GIS 发展的趋势是作为一个基础平台参与社会信息化建设,林林总总的数据系统需要集成进 GIS 系统中,简述如下。

1. 空间数据和属性数据的集成

GIS 区别于其他信息系统的本质是其不仅能管理属性数据而且能管理海量的空间地理数据,属性数据和图形数据是 GIS 的天然组成部分。两者的集成从开始的以文件保存图形数据、以关系表保存属性数据,发展到用关系数据库统一管理图形与属性数据。一系列数据结构被用于管理图形数据和属性数据的集成,如栅格数据模型、矢量数据模型、超图模型、面向对象的模型、特征模型和矢栅一体化模型等。

1)栅格模型

栅格模型将空间划分为一系列规则的网格,给每一个网格赋予属性来表示地理实体的数据组织形式,实质是像元阵列,每一个像元由行列号确定其具体的地理位置,且具有表示实体属性的类型和编码值。

2)矢量模型

矢量模型用点线面来表示现实世界的抽象,最接近于 GIS 的起源 CAD,能精确地表示地理实体的边界,数据量小,适合于表示不规则多边形、高精度的制图和网络分析等应用。矢量模型是当前 GIS 应用领域主要使用的模型结构。城市管网 GIS 的主要数据一般都是以矢量形式存在,适合高精度的制图和网络分析,只有在进行管网的规划设计时需要 DEM 数据等进行综合分析。

3)超图模型

Francois Bouille 提出的超图模型是建立在超图和集合论基础上的拓扑数据模型,又称为超关系模型。其基本的数据单元有:类、对象元素、类属性、对象元素属性、类关系、对象关系等。超图类之间的层次关系表示了超图类的纵向关系,清晰地展示了面向对象模型类的继承、联合和聚集等。非层次关系则表示了空间超图类的全方位的横向关系,这种关系是空间分析和分布式计算的基础。超图模型的真正优势一方面在于其对象特性,另一方面在于其固有的超图特性和空间拓扑关系。

4)面向对象的模型

面向对象的模型将实体的空间图形和属性数据集成在同一对象中处理,从而克服了"混合模型"的不足,同时也有利于将图形数据和属性数据对应起来,发现目标的几何性质与属性的对应关系。它提供了更丰富的数据表达能力,更"自然"地表达客观世界。面向对象方法提供了四种数据抽象技术:分类、概括、联合、聚集。其更适于定义复杂的地理实体和对复杂对象的直接操作,因此面向对象的数据模型成为较为理想的统一管理 GIS 空间数据的有效模型。但是由于面向对象的数据库(OODB)还不很成熟,缺少完全非过程性的查询语言以及视图、授权、动态模型更新和参数化性能协调等,并且 OODB 与传统的关系型数据库之间缺少应有的兼容性,因而大量基于关系型数据库建立的 GIS 难以无缝移植到 OODB 中,使面向对象的模型进展缓慢。

5)特征模型

20 世纪七八十年代出现的特征的概念和基于特征的建模方法,区别于 GIS 中空间数据基于图层的组织。Elynn Usery 等人对基于特征的建模和基于图层的组织进行了较多的研究。他们将具体的地理事物称为地理实体,以某种属性集作为分类标准,将地理实体分为具有该种属性集的集合,于是这一类地理实体就构成了地理特征。美国地质调查局开发的 DLG-E 数据模型对实体和特征的定义如下:实体是真实世界的抽象,不能被进一步细分为同一类现象。特征是具有相同属性及关系的一类实体,包括实体集也包括对实体集的数字描述。与传统的基于图层的地理关系模型相比,面向对象的特征 GIS 建模方法是一种在较高抽象层次上的建模方法,具有较好的地理信息认知观,同时也很好地实现了利用面向对象的原理与方法来定义和建立空间关系与非空间关系。特征 GIS 空间数据模型对地理现象的数字表示和空间描述更完备、更具有整体性,除了表示空间几何目标之间的拓扑关系,还表达了特征之间的非拓扑和属性语义关系,而这些恰恰是在基于图层的

GIS 中被遗忘的。面向对象的方法及其抽象机制的应用,使特征 GIS 模型的语义更加丰富,从而能够更好地表示复杂地理现象和实体。

具体到管网 GIS,特征的定义比较明显,如在配电 GIS 中,某一根线路或支线具有一个线路名称,管理时也以一个整体进行管理,这便是一个特征。

6)矢栅一体化模型[28,67]

龚健雅等提出了矢量栅格一体化的 GIS 数据结构,将空间目标的点线面体等矢量元素用栅格的有序集合表示,用目标矢量栅格的集合运算来代替对矢量数据的操作和分析,该模型兼具矢量栅格的优点,且实现了面向对象的表达。在空间运算方面,将位置有关的叠置、布尔运算、求交、连通性分析、缓冲区分析等采用栅格方法,而地物之间的空间位置关系的计算和查询等则采用矢量的方法,并基于它们的子空间构成和空间关系进行。矢栅一体化结构是三维 GIS 数据模型的发展方向。其面向对象的表示比较有利于空间数据的计算机存储管理,其最主要的优点是传统的对矢量数据的求交等空间操作可以用简单的集合运算代替,减少了计算的复杂度。三级栅格划分策略不仅可以减少空间数据存储单元,而且可以提高目标数据的空间查询和操作速度。矢栅一体化模型在 GeoStar 中有一定实现,但是其在几何变换、动态维护栅格划分等方面还存在一定问题,尚需进一步的研究。

2. 多源数据集成

“多源”是指空间数据的来源多种多样,主要的数据源有图数字化的数据、野外的观测数据、各种各类实验数据、RS 和 GPS 数据、理论推测和估算数据、历史数据、统计普查数据及其以上数据产生的二次数据等。

“多源”数据的特点包括:①多语义性,同一个地理单元(feature)在现实世界中几何特征是一致的,但是不同的使用者具有不同的理解,对应着多种语义。②多时空性,GIS 中的数据源既有同一时间不同空间的数据系列,也有同一空间不同时间序列的数据。③多尺度,尺度是地学数据的基本特征,有空间多尺度和时间多尺度特性。④获取手段多样性,GIS 数据既有现场实测数据,又有室内加工的数据,还有 RS 手段、GPS 手段、各种统计报表等。⑤存储格式多样性,不同的平台有不同的数据格式,目前流行的 GIS 数据格式达几十种,而且在没有建成 GIS 的用户中,CAD 数据依旧占很大比例。⑥分布式数据,地学数据采集的分散性和用户的分散性导致 GIS 数据的分散性,这些数据分散在各地,逻辑上是一个统一的整体。数据的分散性决定了集成必须采用网络模式,美国国家地球物理数据中心(The National Geophysical Data Center,NGDC)的数据交换中心就是有效利用分散异质数据而建立的数据集成使用的典型案例。

“多源”数据的集成不仅是数据的共享和一致性,其更重要的是数据的融合。多源数据融合就是对各种信息源进行识别、筛选、整合、存储等的加工过程。其主要解决空间数据在各种数据库中的模型差异、精度差异、几何位置差异和属性定义差异等。数据融合能进行数据挖掘,产生二次数据。

管网地理信息数据的"多源"包括管线设施的图形数据、所服务的用户数据、社会统计数据和设备资料数据,这些数据都具有空间多尺度性和时间多尺度性。

3. 基于元数据的集成

元数据即关于数据的数据,是对数据的一种描述性信息。对元数据的需求由数据用户、数据字典、应用项目和元数据费用四部分组成。数据用户是服务于用户了解数据的需要,数据字典是满足用户对数据质量的要求,应用项目是实现不同格式元数据、不同应用环境的转换,费用则是对元数据生产和管理的保证。元数据在数据集成过程的主要作用包括如下几个。

1)在数据查询检索中的作用

通过元数据提供的数据自身的信息和数据存储的环境信息,集成系统根据应用项目指标体系建立起来的具体数据要求查找原始数据的存在状况,并判断需要对数据集采取的动作,如改动原有数据、生成新数据集等。

2)集成预处理中的作用

集成预处理是根据集成系统的指令,对空间和属性数据结构、数据形式、内容等需要的数据集进行的集成准备操作。元数据在集成预处理中的作用是为数据集空间位置配准提供相对空间位置信息,为数据集成的可行性分析提供基础信息。

3)数据集成处理中的作用

集成过程是对要处理的数据是进行操作的阶段,如相邻数据边界的处理等。这需要根据数据的具体元数据及相关数据要素的信息进行相关操作。

4)数据结果表达中的作用

元数据的作用是提供数据输出模式、数据库说明、数据及说明信息等,以便集成结果可以按照一定的模式输出,并将数据集成处理过程有关数据的变动信息记录到处理后或新形成的数据集的元数据中。

5)对集成结果的评价

元数据中的数据质量信息是评价数据质量的基础,其通过系统层次的元数据信息,如操作过程中使用软硬件环境配置、处理中误差的累积和传播等,评价数据的优劣。

4. 行业模型的集成[68]

行业模型提供了对专业领域特定问题的求解能力,而模型所需要的数据、计算结果的表达需要 GIS 开发人员解决,所以 GIS 与行业模型的集成就是以数据为通道,以 GIS 为核心的系统开发过程。行业模型和 GIS 通过数据交换联系在一起,以空间上的联系为基础。特别是城市管网 GIS,如果不和具体行业模型相结合,单纯的 GIS 是没有实际意义的。

城市管网管理中的配电、给排水、电信等总是在自己行业多年积累和一定规范的基础上进行本行业的数据分析和空间数据管理,GIS 提供了对空间数据可视化表达和高效的操作能力,但是不依赖于行业知识的空间分析往往得不到结果或者得不到正确的结果。例如在图形上配电的手拉手线路是环网网络,从网络上讲是网状结构,但在具体运行时依靠联络开关将环网分成两个树状结构。同理,在环网的给水系统中,仅靠图形信息无法判断水流流向,必须依靠给水行业的管网平差模型,结合各节点处的流量、压力等参数进行流向的实时计算。

城市管网运行管理中的突发事故如管道爆裂、煤气漏气等应及时抢修的任务,也必须依靠 GIS 和行业模型结合,推断出抢修的顺序和方案,在决策系统的支持下,自动生成派工单和任务单,减少人为因素干扰,提高工作效率,保证工作质量,提高服务水平。

5 知识库的集成[50-69]

知识库是面向对象的知识系统的智能对象的交互作用,用于完成各种功能,所有的智能对象通过成熟的数据库来管理,构成知识库。一般的,知识库应包含以下几个部分:

——应用领域的专业知识组成的知识库,包括规则、规则集、程序和架构四部分;

——推理机,通过推理利用知识库中的知识得出问题的解决方案;

——用户接口,用户管理的人机接口;

——知识扩展模块,用户对知识的扩充和再学习。

知识库其实是行业知识、经验和运行规则的集成。以配电 GIS 为例,上面提到的智能化特征是依靠知识库和规则实现的,电力设备的连接知识库如下:背景知识库包括静态的参数库和典型连接关系两部分。控制知识库是关于电力设备线路连接关系推理策略的知识。经验知识库是设备连接规则集。翻译字典是将一定的编码体系映射为实际的物理设备。

知识库和行业模型在城市管网 GIS 建设中起着至关重要的作用。GIS 在管网管理中作为工具而存在,是实现科学化、智能化管理的助手,依靠规则实现数据的规范化连接、合理化运行,依靠知识库实现决策支持。增加知识库支持的 GIS 是决策支持系统的核心所在。

6. 超媒体的集成

超媒体是超文本和多媒体结合的产物,既包含文字,又包含图像、图形、图表、声音、视频和动画等。互联网的兴起使超媒体方式和带有空间位置的地理信息成为人们交流的主要方式,所以将 GIS 和超媒体集成是必然的。目前 GIS 平台软件已开始支持超媒体的集成,ArcGIS、MapInfo 等通过设置超链接将地图上的地理实体与超媒体信息关联。ArcGIS 通过 hotlink 设置连接任何操作系统可以打开的文件、网址和其他 GIS。MapInfo 通过系统工具实现通过 MapInfo 窗口创建 HTML 位图地图,从而将地图以超媒体的方式发布。超媒体 GIS 将各种多媒体信息融为一体,且能有效地应用到互联网上,开拓了 GIS 应用的新领域,不仅为社会经济、文化生活、旅游、商业、决策支持和规划等提供生动直观的信息服务,更以群众喜闻乐见的形式融入人类生活中。

　　城市管网 GIS 和超媒体的集成显得尤为重要。管理者需要查看关键设备的运行状态、地理位置,结合图片、影像给予直观的显示,使管理更加方便。例如给某一变压器关联设备图片、设备资料文档、运行历史数据甚至是生产厂家网址,使得数据的查询和利用更有效。当然这种方式以简单的连接实现数据集成,需要进一步完善数据结构和集成方式。

7. 管网 GIS 多系统静态数据集成

　　GIS 不只是一个独立运行的信息系统,其不仅管理部分空间数据,还是一个信息化管理的基础平台,多系统的集成是行业管理的基本要求。在城市管网管理中,往往存在多个同时运行的系统,由于历史的原因,这些信息系统建设时间不一、数据结构不同、系统功能各异。其导致的现状是系统功能重复、数据利用不畅、信息交换不透明,数据分散管理、多人维护、一致性差。一般情况下,GIS 管理管网的管线、管点等几何数据,而属性数据由 MIS 或其他系统管理,如实时运行数据由 SCADA 系统管理,用户数据、客户服务数据由 CIS 管理,因而完成一项工作可能需要几个系统协同操作,数据共享实现。例如用户报告某一处停电,CIS 接到用户电话报警需要调用 MIS 根据报警电话查看用户的其他资料,通过 GIS 查看报警人的具体地理位置,再调用 SCADA 系统查看设备运行的实时状况,判断停电原因,然后通知调度管理系统,由调度员发出维修指令和各种维修的工作票,方能实现一次接警操作;或者 CIS 直接通知调度管理系统,由调度系统调用其他系统完成上述各项操作。总之,完成这项工作必须由几个系统协同工作完成。

8. 管网 GIS 实时数据集成

　　管网 GIS 管理区别于土地管理、资源管理等的重要特征是实时监控管网网络的运行工况。SCADA 系统就是将管网运行的主要参数如温度、压力、流量等采集上来进行处理,变为系统认知的可操作的数据,根据运行规则库判断是否运行正常,如果发现参数超过规定值(上限或者下限)能及时报警。这就要求在 GIS 图上实时显示所检测设备的参数信息,以及设备运行异常时的及时定位。GIS 和 SCADA 系统集成是管网 GIS 的显著特点。

　　此外,在管网的维修、巡视过程中,也要实时监控 GPS 巡线车和抢修车的位置,并可实时发出指令告诉监控车辆运行的最优路线和抢修的位置,使事故解除时间大大缩短。

实时数据集成的关键问题是数据的通信。SCADA 系统一般有专有的通信线路（有线或无线），GIS 数据从 SCADA 服务器中获取。流动车的数据通信根据使用的定位方式如 GPS、GPRS 或者 GPS One 的不同而有所不同。

实时数据集成和静态的多系统数据集成将在 §5.5 中详细论述。

5.3.3　集成方法

集成模式和集成内容确定以后，具体的集成方法是实现集成的关键所在，集成方法的不同也代表集成程度不同。

1. 源代码集成

直接在源代码上编写用于数据集成的代码，这是早期的集成方式，是 GIS 平台软件开发商针对具体的应用借助 GIS 平台的底层代码，开发行业应用软件。这种集成方式尽管集成程度很高，但其功能针对具体应用或者具体行业，通用性差，而且一般的开发者由于没有 GIS 平台的源代码不可能采用这种集成方式。国内 GIS 平台开发商针对行业应用如开发燃气 GIS、配电 GIS、给水 GIS 等过程中经常使用这种集成方式。

2. 可执行程序集成

直接在 GIS 中调用其他软件的全部或者部分可执行程序，是最简单的一种集成方式。由于在编程语言调用可执行程序时难以传入较多控制参数，如 WinExec、ShellOpen 等函数打开其他 EXE 文件，难以通过传入参数控制可执行程序的行为，只能通过共同约定的共享内存、数据库或者数据文件实现集成。这种集成方式难以在统一的用户界面内完成协同操作，在程度要求不高的系统集成时经常使用，如管网 GIS 中 GIS 调用调度员界面查看运行状态可采用此方式。

3. 函数库集成

GIS 平台开发商提供图形操作的函数。其他系统开发商提供本系统操作的函数，通过引入函数定义和实现，完成数据的交换和集成。函数库集成在程序实现上是一种无缝的集成方式，使不同系统的功能在同一的用户界面上实现，具有操作的一致性，易于使用客户软件。集成的程度视函数封装的程度而定，如果函数过渡封装，集成度必然下降。具体实施过程中，一般开发商并不提供全部函数代码，所以基于函数库的集成还需结合动态库实现。

4. 动态库集成

将公共使用的函数功能封装成动态链接库，提供给用户函数声明和经过编译的动态库，用户使用时只需对所用的动态库进行声明，引入函数定义，即可完成对应的功能操作。动态库将函数体二进制化，使内部实现对用户封装，通过接口实现数据交换和功能交互。该方式在非 GIS 集成到 GIS 中使用广泛,是目前 GIS 集成实现的主要方式之一。

5. 组件集成

组件技术是目前最流行的软件系统的集成方法,组件技术主要有 Microsoft 的 COM、Sun 公司的 JavaBeans、OMG 的 CORBA 技术。现在的 GIS 软件已经由平台化的时代过渡到组件化的时代,如 ArcGIS 在统一的组件库 ArcObjects 基础上进行数据的操作,所有功能的开发均基于该组件库,包括本身软件如 ArcMap、ArcCatalog 也是基于此组件库开发的应用。

6. 数据交换集成

多个系统不进行界面上的统一集成,只是对数据进行共享访问,如 GIS 通过 SQL 读取 MIS 数据库的数据,通过共享内存等读取实时库的数据等。通过数据库实现数据的交流,SQL 语句成为数据集成的核心要素,通过对地理实体的唯一编码实现多库统一查询。

§5.4　基于有向节点模型的集成

城市管网的几何特征和管理特点促使了有向节点概念的产生,"有向"主要是针对几何网络的空间分析而言,"向"代表了节点之间的连接关系,依靠这种关系实现网络的追踪、连通性分析和流向分析等。城市管网的管理,一是设备资料的管理,针对资产的统计、查询和报表;二是保证管网的正常运行和事故出现时及时维修,目前管网管理部门如电力、供水等部门推出承诺服务,保证停水停电的限时抢修;三是基于现有管网布局和城市经济生活发展进行管网规划设计。这些主要任务工作的基础是以 GIS 为中心的集成系统的建立。

在城市配电管理当中,对于资产管理最为重要的可能是各种变压器、配电房、环网柜、开关、杆塔等;运行管理主要是对各种阻断控制设备如开关、熔丝、跌落式熔断器、电容等进行监测(遥测)、控制(遥控)和调节(遥调);抢修管理需要启用各种抢修方案。平时的检修、计划停电下发的停电通知单,需要从 MIS 库中调取用户信息。和用户信息关联的设备是变压器,变压器(杆变)安装在杆塔上,杆塔上放置杆上开关,因此和实时控制相关的也都是节点。用户的负荷控制、业扩报装、计量收费等均是基于节点展开,所以配电 GIS 的集成必须基于节点进行。供水、电信、燃气等管网具有相似的资产管理和运行情况。配电管理以节点为中心的集成和节点与用户信息的关联如图 5.2 所示。

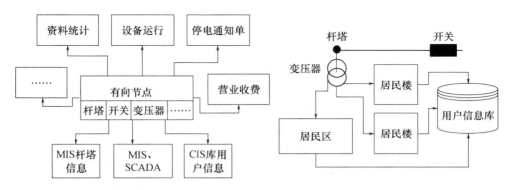

图 5.2　配电管理以节点为中心的集成和节点与用户信息的关联示意

§5.5　多数据集成的统一框架

网络的发展和分布式概念的兴起,使 GIS 数据共享成为必然的要求。当前 GIS 集成成为制约数据共享的瓶颈,要充分利用已经积累的海量的空间数据,并在此基础上进行数据的再发现,故而设计合理的集成体系和结构是彻底解决 GIS 集成瓶颈的关键。提出的空间数据互操作、无缝数据库集成等思想,在一定程度上解决了集成的某些问题,但目前尚缺乏一种高效的、统一的集成框架,还无法从根本上解决多数据源访问的时间效率、多格式、多系统的数据一体化、SCADA 系统数据的实时集成问题等。

5.5.1　无缝数据库

多源空间数据无缝集成(seamless integration of multi-source spatial data, SIMS)技术的核心不是分析、破解和转换其他 GIS 软件的二进制文件格式,而是提出了一种内置于 GIS 软件中的特殊数据访问体系。它需要实现不同格式数据的管理、调度、缓存,并提供不同格式数据之间的互操作能力。多源空间数据无缝集成是一种内置于 GIS 软件中的多源空间数据集成技术,无须数据格式转换,通过虚拟空间数据引擎的调度实现多源数据之间的直接访问。SIMS 技术体系有以下三层结构,每一层有明确分工,三层结构如图 5.3 所示。

1. 数据消费者

数据消费者(customer)指 GIS 软件中使用或者消费数据的部分。它们包括拓扑处理、地图显示、空间分析、三维表现、专题图制作、数据转换、制图输出等模块。数据消费者不直接与存储数据的文件或者数据库打交道,所有对数据的访问都通过数据代理完成。

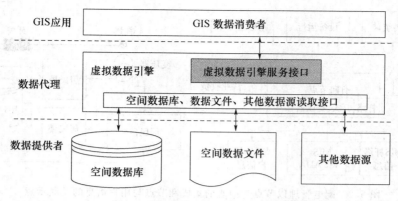

图 5.3　无缝数据集成的三层结构

2. 数据代理

数据代理（agency）是联系数据消费者和数据提供者的中介，代理负责把来自提供者的数据传递给消费者使用，并把消费者产生的新数据传递给提供者存储。SIMS 技术中的数据代理是一个虚拟空间数据引擎（virtual spatial data engine）。该引擎定义了数据访问的框架，但并不实现具体的数据访问功能，因此该引擎是"虚拟"的。

3. 数据提供者

数据提供者（provider）指直接访问数据文件或者数据库的模块，这些模块获取数据并通过代理提供给消费者使用，并且把传回来的数据存储到文件或数据库。SIMS 提供了访问多种格式数据的能力，对每一种数据格式的访问，最终通过数据接口实现。

多源空间数据无缝集成技术具有多格式数据直接访问、格式无关数据集成、位置无关数据集成、多源数据复合分析等特点，有效地解决了不同格式数据资源的综合利用问题。SIMS 技术拓展了 GIS 软件的数据集成能力，提供了多种数据存储方案，增强了单个 GIS 软件的应用范围。但是仍然存在以下问题无法解决：

（1）无缝集成强调的是多种格式、存储于不同位置的数据的集成，着重空间数据不同格式的读取，没有考虑空间数据的时序特征。虚拟引擎仅仅是一个框架，没有在引擎里构造上层应用的数据结构，即仅仅是对不同数据源不同格式数据的读取，而没有在数据结构的层次上做到数据的一体化。

（2）数据代理没有考虑不同系统的集成，如 MIS、CIS、OA 等系统如何在虚拟引擎中进行传输，多系统数据如何高效地为 GIS 应用使用等。这种集成方式在体系上仅是 GIS 本身的数据集成，而不是以 GIS 为中心的统一集成。

（3）尽管提到了数据集成的位置无关性，但是如何保证存在于不同的数据库、不同的物理设备上的空间数据高效实时地传输，该体系没有提供解决方法。每一次的操作都通过接口访问数据源显然降低空间分析的时间效率。GIS 由于数据量巨大,提高空间分析和数据操作的效率一直是研究的热点,仅仅满足数据集成而降低了数据分析的效率显然是不可取的。

(4)管网管理中重要的实时监测系统 SCADA 数据如何集成进来,SIMS 静态的数据集成也无法做到 SCADA 数据的实时集成。从历史库中读取数据不能满足实时监控的需要,如果用 SCADA 实时库实时刷新数据代理层或者数据提供层,则频繁读取数据库会使集成系统的整体效率下降。

(5)GIS 上层应用即数据消费者应该从统一的数据接口中读取数据,不同格式的数据经过数据引擎如果不进一步处理,如何使 GIS 数据的消费者享受到程序的稳定和通用? 空间分析都是在一定的数据结构上进行的,仅仅读入不同格式的数据,而不构造统一的结构,需要针对不同格式使用不同方法进行数据分析,反而增加了数据分析的难度,使无缝集成失去意义。因此不可能针对某一具体格式设计算法,既然统一读取数据就该构造一个标准的接口,使数据代理按照该接口标准向GIS 消费者提供数据,如图 5.3 中增加虚拟引擎的服务接口。

可见,解决上述问题必须做到以下几点:①保证数据操作的效率,特别是SCADA 数据对时间延迟要求很高,已经加载的数据不应该再通过接口读取原始数据,而应该驻留在缓存中,下次使用直接从缓存读取;②保证上层应用接口的一致性,实现上层应用的通用性;③统一考虑多个系统、多源数据、多格式数据的一体化集成。因此需要在无缝数据库集成的基础上进一步扩展,设计一体化的统一集成框架。

5.5.2   空间数据实时内存引擎

就目前管网管理的现状来讲,管网管理的核心系统不是 GIS,而是 SCADA系统或是调度自动化系统,或者说 GIS 是资产管理的主要系统,SCADA 系统是运行管理的主要系统。资产管理进行设备资料管理、报表统计等,基本上属于静态数据,是管理部门内部的管理。SCADA 系统是保证管网正常运行的自动化系统,不仅牵涉管理部门的各个生产、运营部分,更牵涉社会服务,影响到千家万户,其重要性显得尤为突出。SCADA 系统和 GIS 的合理集成更是尤为必要。

1. SCADA 系统

SCADA 系统是用于现场监测和自动化管理的系统。它通过 FTU/RTU 等终端采集设备收集现场数据并通过有线或者无线信道传输到监控中心,由控制中心根据预先设定的程序控制远程的设备。SCADA 系统由站端部分和主站部分组成。站端设备 FTU 的主要功能是读取、监测设备的各种预设的物理量,通过通信设备上传数据,并接受主站的遥控命令进行各种物理操作,如遥控、遥调等。根据监控设备的规模可设置通信子站 RTU 以转发 FTU 采集的数据和主站命令。主站系统由前置机、数据监控中心等组成,前置机完成生数据(未经处理的数据)的解释和转换,调度员工作站完成采集数据的直观显示、操作命令的下达、控制 FTU 和 RTU 的各种动作,进一步完成负荷分析、优化调度、状态评估、负荷预测等[3,66]。SCADA 系统结构如图 5.4 所示。

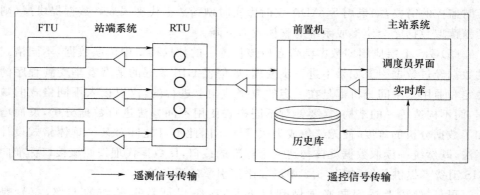

图 5.4　SCADA 系统结构①

一般说来,站端系统不需要直接与 GIS 相连,GIS 上仅显示 FTU、RTU 的地理位置,将其作为设备进行管理。主站的实时数据如电压、电流、温度、压力等则需要在 GIS 图上实时显示,以备故障发生时进行一系列自动化操作或人工操作票、命令票的 GIS 辅助生成。

SCADA 系统和 GIS 集成一般有图 5.5 所示的两种方式。

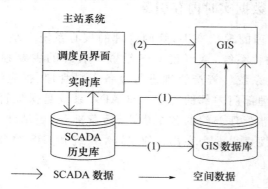

(1)和(2)表示集成的两种不同方式

图 5.5　SCADA、GIS 集成的两种方式

---

①　FTU 和 RTU 均为远程控制终端单元,不同的厂商对此有不同的定义,有的厂商将终端的采集装置称为 FTU,将子站称为 RTU,有的厂商将终端和子站均称为 RTU。

图 5.5 中的(1)表示 GIS 直接或间接调用历史库的数据,这是一种非实时的集成方式,对诸如遥信变位等需要实时监测的数据无法同步在 GIS 图上显示。图 5.5中的(2)是实时数据同步在 GIS 上显示,需要 GIS 端能够直接读取实时库的数据,或者实时库实时向 GIS 客户端发送实时信息,这要求实时库的接口和函数透明,因而(2)是 GIS 和 SCADA 系统集成的最好方式。

2. 管网管理的其他系统

管网管理部门还有其他重要的信息系统。MIS 进行设备资产管理、业务报表生成、营业收费、业扩报装、生产管理等。CIS 作为客户服务的系统受理用户投诉、事故接警、任务派遣等。CIS 和 MIS 在功能上有相同之处。故障电话投诉管理(trouble call management,TCM)系统有的集成进 CIS,有的单独存在,功能都是根据用户电话报警完成接警后的一系列处理。GPS 是根据 GPS 定位功能实时定位抢修车、巡视车等的位置,以满足实时调度和事故处理的需要。

这些系统和 GIS 集成目前一般采用读取数据库的方式,通过连接字符串决定连接到哪一个数据库,根据设备唯一编号读取相关属性数据。由于这些系统互相调用数据,如 GIS 调用 MIS/CIS 设备、客户资料数据,CIS、MIS、TCM 调用空间数据,而数据的频繁调用特别是对大数据量空间数据的调用容易造成数据阻塞,影响查询检索和空间分析的效率。GIS、MIS、CIS 三者基于数据库访问的集成方式如图 5.6 所示。

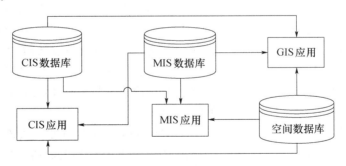

图 5.6　GIS、MIS、CIS 三者基于数据库访问的集成方式

3. 实时内存引擎

空间数据内存引擎将空间数据加载到内存中,以提高客户软件查询检索和空间分析的效率。其使用不同的接口访问多种数据,并且构造统一接口对外服务,这相当于无缝数据集成的数据代理部分,所不同的是内存引擎不仅读取数据,而且根据需要构造内部数据结构和统一的接口,不是虚拟的。因此将所有格式、所有数据源的数据包括实时数据,统一加载到内存中,构造实时内存引擎,形成统一的集成框架,实现横向集成、纵向集成的一体化是可行的。实时内存引擎的纵横向集成一

体化结构如图 5.7 所示。

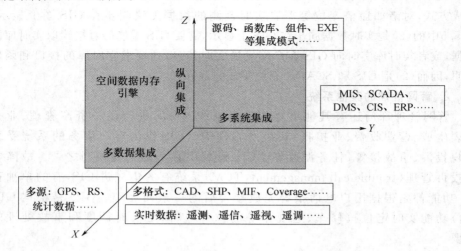

图 5.7　基于空间数据内存引擎的纵横向集成一体化立方图

由图 5.7 看出,纵横向集成一体化的内存引擎,不仅考虑数据的集成,而且将 GIS 本身的集成方式也考虑进去,真正做到集成的统一。

4. 统一集成框架

本书所讨论的数据集成的本身当然可以不基于有向节点。有向节点和内存引擎是本书讨论的既相互独立,又有密切关系的两个组成部分。有向节点模型不使用内存引擎,直接连接数据库使用 SQL 语言实现查询检索和空间分析,在操作效率上不会有很大的提高;基于内存引擎的集成不构造有向节点结构,本书提出的诸多算法和思想又无法使用,数据维护的简易性也无法体现。因此最好的方法就是在内存引擎中构造有向节点模型,充分利用两者的优点实现数据编辑、查询检索和空间分析,这也是本书将两者结合的重心所在。

所谓"统一集成框架"就是让所有的 GIS 数据消费者均可以从该框架中得到所需数据,并能通过该框架实现对底层数据的维护,而无须关心所操作的数据是什么格式、来自哪个数据库、来自什么地方,也不用管数据通过什么方式进入数据引擎中,做到 GIS 数据消费者所使用的软件具有通用性和稳定性,底层数据的变化只需要改动相应的接口,而无须做上层应用的变动,符合软件模块化和功能数据分离的软件开发的最新潮流。

通过上述说明,可以看出 SCADA 系统是管网运行的重要系统,也是数据集成的难点,通过内存引擎和 SCADA 实时库的数据实时同步,有效地解决了两个系统集成的时间延迟和非同步性。GIS 和其他系统也通过内存引擎实现数据交换,减少读取数据库的次数,减少网络流量,提高查询检索效率。一般的,我们要构筑以

GIS 为信息中心的城市管网综合调度系统,GIS 数据要被其他系统随时调用,加之数据量较大,构造的 GIS 数据集又要进行可视化显示,因此宜将 GIS 数据全部加载到内存,或者至少将管网数据全部加载到内存。MIS 的设备资料数据(有时 GIS 的属性资料库含有相同内容的设备资料)根据操作的频率和数据量大小决定全部加载还是动态加载,以做到既充分利用内存,又提高空间分析效率。

　 　 统一集成框架真正使管网管理的所有信息系统均以 GIS 图形库为基础进行决策分析和智能化管理,达到了业界梦寐以求的 GIS 作为日常管理的工作平台进行资料查询、业务流转、实时控制和决策分析的目的。首先给出统一集成框架的结构图 5.8,然后进行分解说明。

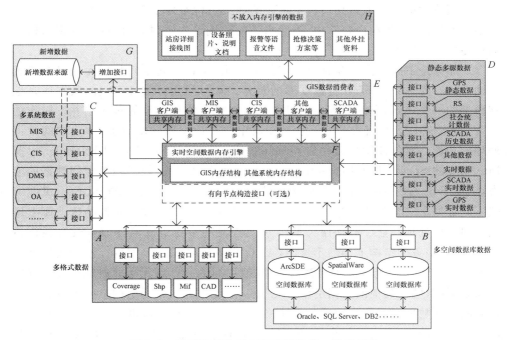

图 5.8 　 基于空间数据内存引擎的统一集成框架

注:所有接口均是内存引擎的组成部分。为清晰地表示不同组成部分之间的关系,绘图时将接口置于
　 各自的数据来源部分。

　 　 由图 5.8 看出,实时内存引擎 F 部分是整个管理部门所有系统的核心,是企业信息岛的中心和数据输入输出中心。其他部分如多格式数据 A 部分,多空间数据库 B 部分,多系统数据 C 部分,多源数据 D 部分包括实时的数据和静态数据都在实时内存库中进行空间数据和用户、设备资料的交换。此处内存引擎由于构造了 GIS 消费者使用的数据结构,数据引擎成为具有引擎功能的内存数据库。

图 5.8 中,A 部分是多格式数据的集合,不同格式的数据通过各自的接口进入实时内存库,在内存库中构造有向节点数据结构(管网数据)或者其他内存结构(如地理背景数据),内存库中的结构跟具体数据来源的格式没有直接关系,数据的读取和回写由根据不同格式设计的接口完成。因而,根据这个框架,多格式数据转换轻松实现,如 Coverage 数据通过读取该数据格式的接口进入内存库(如果仅仅是为了数据转换,不必构造有向节点结构),然后根据其他接口直接生成相应格式的数据,如写成 MIF 文件、写成 SHP 文件等。当然,这种方式进行的数据转换信息的丢失照样存在,如 Coverage 的拓扑信息在生成 SHP 文件时会丢失,这是由文件本身的结构决定的,与具体的转换过程无关。

不同格式的数据通过接口构造统一的数据结构对外服务,是 GIS 互操作的一种很好的思路,因为在内存库中,不同格式的差别消失了,构造的内存数据结构对数据使用者是透明的。

B 部分是不同数据库存储的空间数据的集合,将不同空间数据库通过接口统一纳入内存库体系,屏蔽异构数据库的差异。从空间数据文件到空间数据库是地理模型的一个飞跃,空间数据库的目的是提供稳定的可恢复的多用户并发操作的平台。ArcSDE 等空间数据库引擎是在商用关系数据库的基础上,增加空间数据处理的功能。有的商用数据库如 Oracle 的 Spatial、DB2 的 Spatial Extender 以及 Informix 的 Spatial DataBlade(Informix 已并入 DB2)等也提供操纵空间数据的能力,SQL Sever、Sybase 目前尚不提供对空间数据操作的支持,ArcSDE 不仅能屏蔽不同数据库对空间数据操纵的差异,更能在不具备空间数据支持的数据库上增加空间数据处理功能。但是作为 Esri 公司产品的重要组成部分,ArcSDE 在体系框架、数据服务的结构上仍然不透明,ArcGIS 平台和 Esri 公司的二次开发组件可以通过 ArcSDE 无缝连接底层数据库,其他厂商的软件则无法通过 ArcSDE 读取空间数据库,同样其他的数据引擎也无法读取 Esri 公司架构下的空间数据。不同厂商的空间数据库引擎的区别与不同格式的数据区别类似,也需要通过更高一层的接口读入内存,在内存库中构造 GIS 数据服务的统一结构,从而实现数据的归一化,保证 GIS 数据消费者软件的通用性。

A 和 B 部分的数据都是 GIS 的本体数据,传统的无缝数据库集成的研究范围局限于此,将不同厂家的空间数据有效集成在统一的框架下管理和使用,一直是 GIS 界研究的热点。软件模块化和组件思想使得软件内部高度封装接口透明,通过接口实现数据的读写,如在 A 和 B 中,使用 MapObjects 组件读取 Coverage 文件、SHP 文件、CAD 文件数据,通过 ArcSDE 读取空间数据库数据,用基于 MapObjects 的接口实现上述文件的数据转换和空间数据的入库、读取和编辑。MapX 组件实现 MIF、TAB 文件和基于 SpatialWare 引擎的空间数据库的数据读取、转换和入库。国内的数据格式通过 SuperMap、MapGIS、GeoStar 各自的组件建立的接口读取各自的数据文件和数据库。不同厂家的数据格式转换只能在内存库中再进行一次转换,如 MapObjects 读取 Coverage 数据到内存库,通过 MapX 数据转化成 MapInfo 数据格式或者通过 SpatialWare 写入数据库,SuperMap Objects 读写 SuperMap 公司的数据到内存库,根据需要转换成 SHP 格式,或者通过 ArcSDE 写入 Geodatabase,或者写入 MapInfo 的空间数据库等。从而实现了所有空间数据的无缝集成和透明访问。

C 部分的多系统数据是 GIS 横向集成的内容,GIS、MIS 和 CIS 集成在图 5.6 已经说明,GIS 利用 MIS、CIS 等系统的设备用户资料,其他系统使用 GIS 的图形数据借以完成各自的系统功能,多系统集成也是管网管理和办公自动化的基础。GIS 客户端一般从实时内存库中读取空间数据或者属性数据,其他如 MIS、CIS 客户端直接读取各自数据库的数据,从内存库中读取图形数据,实现数据流量的合理分配和负荷均衡。GIS 如果需要高频使用其他系统的某些数据,也可将其加载到内存库,从而提高数据访问速度。

D 部分是多源数据在 GIS 中的集成,RS 和 GPS 是最常见的多源数据,和 GIS 集成也最为紧密,GIS 界对三者集成研究也颇多。将多源数据分为静态数据和动态数据,是因为集成的方式不一样。静态的数据如社会统计数据、SCADA 历史数据等,不是实时更新,数据往往通过数据库读取。实时数据如 SCADA 实时数据和 GPS 导航数据,均需在内存库中存储和同步更新(所以,内存库成为实时内存库)。RS 作为重要的 GIS 数据源,具有丰富的光谱信息,高分辨率 RS 影像结合 DEM 数据,能产生三维效果,是管网规划、施工的基础数据,但是 RS 图像一般很大,不宜在内存库中加载,并且 RS 是栅格数据,也难以生成内存结构。

C 部分与 D 部分数据,都是根据需要在内存中加载的(除实时数据一直驻留内存外),例如 GIS 数据使用者当前的主要任务是对 SCADA 或 GPS 历史数据进行操作,那么当然这些历史数据加载到内存库中是合理的。

C、D 两部分接口的设计主要是对数据库的读取,因此接口设计的重点是原始数据的结构解析,利用数据字典和元数据表提高接口的通用性。

在内存库中构造 GIS 数据消费者的统一结构的好处是对新增加的未预见的其他数据格式或者数据源 G 部分,要在系统中使用,只需要增加相应接口即可,而不必改动其他基于空间数据内存引擎的应用。这也是内存引擎设计的主要目的:既要保证 GIS 数据消费者功能稳定,又要便于即时扩充,增加多数据的容纳能力。

GIS 中,一些非频繁使用的数据,如站房类(变电站、加压站、配电房等)设备的内部接线图、有关设备的照片、对某些设备的说明性资料等,文件数目众多、占用空间大,这些文件要么单独存放,要么作为二进制字段置于数据库中,一般不在内存库中使用。其原因有二:一是内存库无法预知相应的内存结构;二是使用率较低,占用内存较多。这部分资料和 GIS 的集成是一种松散的基于关键字段关联的集成。

　　内存库 F 和 GIS 数据消费者(各客户端)是本书的重点,在第 4 章有详细描述,并且基于内存引擎的更详细的各种操作的实现将在第 6 章实例部分给出框架。在此不多讨论。

　　内存引擎作为数据集成容器,也将分布于各地的数据有机地集成起来,具有集成的位置无关性,不同的系统可以分布在不同的服务器上,不同的数据库也可在不同的物理设备和地理位置。因此,基于空间数据内存引擎的集成做到了异构数据的同构化、异质数据的均质化、异地数据的本地化,实现了数据的均一化处理,真正实现了数据的透明使用。

5.5.3　内存插件

　　空间数据内存引擎提高了数据访问速度,但是内存数据在程序退出时会消失,因而在具体实施过程中,如何创建内存引擎,是设置单独的服务器开辟内存空间作为内存引擎,还是在每一个客户端上开辟内存引擎,需要根据不同的情况灵活设置。内存引擎的建立、调度和使用可以单独封装成插件形式,理解为 ActiveX 控件,通过对外服务接口为 GIS 数据消费者服务。内存引擎对各种数据读取的接口做成动态库根据需要加载不同的动态库,实现对不同数据的访问。

　　在统一框架下构造管网模型的数据结构、将数据无缝集成的一体化思想,具有普适性,不仅仅局限于内存结构。更为广泛的应用是将内存结构和对内存的操作转换成具体的文件和数据库的操作,即将内存的结构映射成外存结构,将内存库转变成数据库形式。内存插件不仅仅是针对内存操作,还是在物理磁盘上划分一块空间,进行和内存库结构一致的数据构造,并向数据使用者提供规范化的数据服务。这是内存引擎的后续研究工作。

§5.6　本章小结

　　本章主要讨论管网 GIS 集成的基础理论和基于空间数据内存引擎的统一集成框架。

　　首先讨论了 GIS 集成的概念,给出了多数据的定义。分析了当前 GIS 与管网 GIS 集成的现状。在此基础上讨论 GIS 集成的 5 种模式,阐述 GIS 集成的内容,简述了 GIS 纵向集成的方法。指出既然节点是管网管理的中心,管网 GIS 的集成应基于节点进行。

　　本章的重点是说明管网 GIS 多数据集成的统一框架。多源数据无缝集成思想通过构造虚拟的数据引擎实现多源数据的直接访问,但它是基于数据的一种集成方式。管网 GIS 的集成更重要的是多系统、实时数据的集成,虚拟数据引擎也没有考虑不同数据格式融入同一系统带来的空间分析和数据处理的效率问题。

　　为真正实现数据的均一化,实现数据的无缝访问,保证上层应用系统的稳定性,充分结合管网 GIS 的行业特点,本书提出空间数据内存引擎,本章所述就是在该引擎的基础上实现所有数据的统一框架集成。该集成将多源、多格式、多系统、多结构、异地等数据,静态和实时的数据统一纳入内存引擎这一数据容器,实现数据集成的真正统一,按照上层需要构造统一的对外服务接口,实现数据的一体化和对外服务的透明化。基于空间数据内存引擎的集成也是 GIS 互操作的一种实现模式。空间数据内存引擎将 GIS 数据集成的理论研究提高到一个新的层次。

第6章 基于有向节点模型和空间数据内存引擎的城市管网实时调度地理信息系统

作为城市的生命线,管网一直是城市管理的重点,其种类繁多、输送介质复杂、建设时间长、管网呈立体的三维错综分布,使管网空间数据结构复杂,成为城市管理的难点。GIS 的引入使空间数据的管理和分析变得简单,目前 GIS 主要应用领域是城市,而城市 GIS 的应用焦点是城市管网。城市管网的 GIS 工程应用在近几年取得了飞速的发展,一般的地级市都建设有配电 GIS,用于城市电力的资产管理和数据分析。给水、电信和燃气等行业的 GIS 也正在进行大规模的建设,其中由于"西气东输"工程的实施,各地燃气用户急剧增长,燃气 GIS 成为当前管网 GIS 的最热门应用领域。GIS 是城市管网信息化系统的重要组成部分,与 SCADA、MIS、Call Center/CIS 等系统共同组成城市管网的智能化综合调度管理系统(dispatch management system,DMS),用于管网的运行调度和资产管理。其各自的功能无法被其他系统取代,同时任一单独系统都无法最终满足管网实时调度管理的要求。

§6.1 管网实时调度地理信息系统介绍

6.1.1 实时调度地理信息系统简介

调度系统从狭义上讲,主要是管网的 SCADA 和其他自动化的远动系统用以完成管网运转工况监测、控制设备的遥控、遥调和进行负荷预测、转移等实时控制的信息化自动控制系统。广义上来讲,和管网实时调度相关的系统都是综合调度系统的一部分。特别是 GIS,由于其提供数据的空间位置并有网络分析、地理统计等功能,成为综合调度系统的基础系统。本书对实时调度 GIS 系统的定义为:以 GIS 为平台,集成 SCADA 系统和其他自动化监控系统的实时数据[①],保证管网的正常运行和故障的及时抢修,提供决策支持的智能化、一体化系统。供水、燃气实时调度 GIS 系统主界面如图 6.1 所示。

---

① 根据国电公司的指导性意见,配电 SCADA 等自动化系统应和其他系统进行物理隔离,以保证自动化系统的安全,因此 GIS 集成 SCADA 的实时数据是必要的,但是否在 GIS 界面上进行自动化的遥控操作需要根据行业的规程进行。

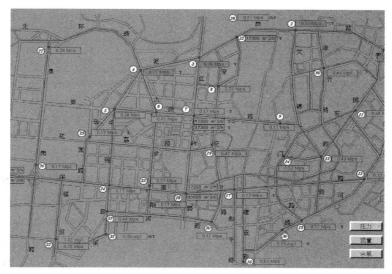

（a）城市供水实时调度 GIS 系统主界面

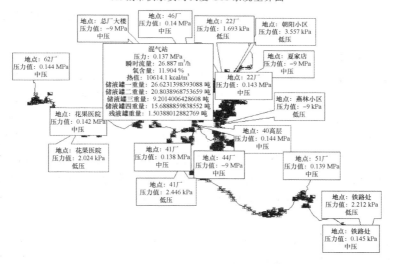

（b）城市燃气实时调度 GIS 系统主界面

图 6.1　供水、燃气实时调度 GIS 系统

6.1.2　实时调度地理信息系统组成

实时调度 GIS 系统的两个基础系统是 GIS 和 SCADA 系统，其他系统如 MIS、Call Center/CIS 系统等提供进行决策支持和负荷预测、资源配置、线路规划等操作的基础性资料，是综合实时调度系统的配套系统。实时调度系统各子系统

的组成关系如图 6.2 所示。

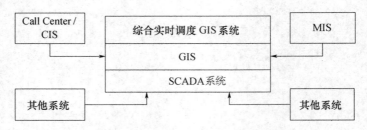

图 6.2　综合实时调度 GIS 的组成架构

SCADA 系统是调度系统的核心系统,将远程监控单元采集的设备实时运行信息,通过通信设备以特定的规约传送到主站系统,调度员的命令通过 SCADA 系统传送至设备终端,完成远程设备的遥控、遥调操作。实时参数的结果置于 SCADA 实时库,由实时库向各个系统发送实时数据。根据设定的时间间隔,存入历史库中永久存储。历史库的数据是负荷曲线绘制、负荷预测、管网规划设计等的重要基础资料。SCADA 监控界面的逻辑示意图对所监测的设备信息一目了然,但它割裂了设备与其具体地理位置的关系,难以为故障定位、事故抢修等提供准确的位置服务。

CIS、MIS[①] 是集用户资料管理、呼叫中心、业务受理、客户服务等为一体的综合系统,但在办理业务咨询、客户投诉、业扩报装等业务时,座席值班人员无法知道业务办理客户的具体地理位置和供气设备的实时信息,不能为用户提供准确及时的信息服务,也无法给工作人员下达位置明确的工作指令,造成工作被动。

GIS 的作用是组织管理各种空间数据,支持基于属性特征和基于空间关系的查询统计分析、规划等。GIS 对空间数据的管理分析和组织功能是综合调度系统的前提和基础。但是 GIS 本身对实时数据的支持较弱,监控设备的实时信息不能在 GIS 图上实时表达。单纯的 GIS 不能满足供气系统的实时调度和决策支持的需要。

总之,GIS 是整个综合调度系统的信息流中心,必须按照"功能分担、数据共享、统一服务"的原则将其他系统在 GIS 平台上进行统一集成,为科学、快速决策提供技术支持。

6.1.3　实时调度地理信息系统功能

实时调度 GIS 系统作为管网运行的监控、管理和决策支持系统,是管网管理

---

① CIS、Call Center 系统和 MIS 的功能相互包含、相互补充,它们之间的功能没有严格的区分。一般情况下,MIS 通常含有 CIS 和 Call Center 的功能,某些情况下 Call Center 又被 TCM 系统替代。本书的重点是说明 GIS 作为综合调度系统的基础,在此不严格区分以上各系统的功能差异。

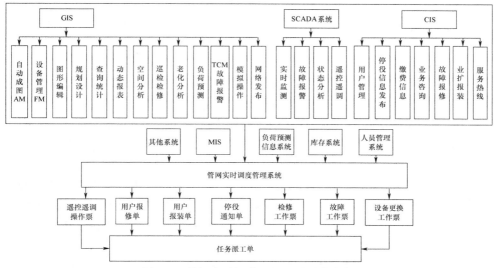

图 6.3 管网实时调度 GIS 系统功能框架

部门的日常工作平台,其功能框架如图 6.3 所示。基于 GIS 多系统集成的管网实时调度系统应完成以下工作。

1. 自动成图与设备管理

自动成图与设备管理是 GIS 最基本的功能,以 GIS 为数据流中心的管网实时调度系统在标准图的自动生成,图层的符号化显示,基于规则库的图形编辑,重点线路、重点区域的自动成图,事故发生区域的地理与设备图形打印,设备管理与自动成图一体化等方面具有明显优势。设备的台账与安装图、位置图等资料一体存储与检索,是办公自动化的基础。

2. 设备示意图自动生成

根据系统的拓扑算法,依照地理图的逻辑关系自动生成调度员界面使用的设备逻辑示意图,地理图的变更在示意图上同步更新,即使设备实时信息一目了然(示意图),又准确显示设备的地理定位(地理图),满足不同的工作需求。

3. 基于工作流的管网工作管理

管网管理的各项工作有着严格的工作流程,系统抽取 GIS、SCADA 和 CIS 服务器的数据,根据工作流程自动生成相应的工作表单。如 CIS 座席值班人员接到电话报修,根据用户的基本信息(如电话号码等)连接 GIS 的地图数据和 SCADA 的设备运行数据,系统自动生成报修单、派工单转发到管线维修和用户服务部门。简化工作流程,提高工作效率。

4. 实时数据的智能反映

SCADA 系统采集的压力、温度、流量等信息在 GIS 图上同步显示,系统根据压力、流量等数据动态设色、分级显示,如不同的气源、混气站所服务的线路也可分色显示。关阀和调度员的模拟操作所影响的线路的实时运行状态在地理图上智能表现(如绿色表示线路正常运行,红色表示线路故障)。

5. 空间分析

基于 GIS 图形拓扑的空间分析是辅助决策、科学管理的基础。常用的空间分析功能有追踪分析、叠置分析、缓冲分析和爆管分析等。

(1)追踪分析。由特定用户追踪上游的资源点和控制点,显示具体资源供给线路;或者根据选定的设备追踪出所服务的区域及用户,凸现用户和管网设备的关系。

(2)爆管分析。由于管网输送介质的特殊性,一旦发生事故要求以最快的速度制定抢修方案,组织人员抢修。依据行业知识规则和空间数据的拓扑,自动生成关阀方案,提供一次关阀不成功时的二次关阀备用方案,自动生成抢修工作票和派工单,发送至相关工作人员。

(3)模拟操作。利用空间分析功能在 GIS 图上对选定的设备进行模拟操作(实际的设备并不动作),模拟设备实际操作时影响的区域和用户,以进行经济技术比较,为科学决策提供支持。

6. 事件记录与事故反演

系统自动记录突发事故发生时的事件顺序与对应的设备运行状态,故可据此在调度员界面上进行事故反演,输入可控参数,模拟事故过程,找出事故链条上的薄弱环节,为改进工作提供科学依据。

6.1.4　实时调度地理信息系统存在的问题

以往在 GIS 平台上构建的实时调度系统侧重于工程应用,目的是解决管网管理的实际问题,提高工作效率和决策的科学化、智能化水平。但是由于使用的模型和数据集成方面存在较多的问题,目前已建成的管网调度 GIS 系统,绝大多数并没有充分发挥应用的功能,究其原因多种多样,像管网管理部门多年的工作模式没有在 GIS 中得到充分体现、空间数据的维护十分烦琐、各个系统没有充分集成导致决策的自动化程度不高等,都是造成这种状况的重要原因。

本章以有向节点模型和空间数据内存引擎模型为基础,详述城市管网实时调度 GIS 系统的关键技术和解决方法,以建设智能化程度更高、数据更易维护、集成更加紧密、决策支持更为有力的综合调度 GIS 系统。主要从管网地理数据的编辑(加工与维护),管网的网络表达、网络分析,非基于网络的空间分析,实时参数和专业模型紧密结合的实时拓扑,管网的制图表达以及智能化的决策支持等几个方面予以阐述。

§6.2　数据编辑

数据是地理信息系统的基础,管网数据由于其复杂性且具有严格的拓扑关系编辑起来比较困难。有向节点模型只采集管网的特征点、造型点等基本要素,不采集线状设施,并能根据设定的规则自动维护拓扑关系,保证管网数据的准确性,仅此一条可能就是用户选择有向节点模型的理由。有向节点模型的主旨也是使用户的数据编辑变得简单、智能、有效和符合用户管理的心理特征。

6.2.1　空间数据内存引擎的使用

基于数据库的多用户并发操作的数据编辑,由数据库本身控制数据的冲突、多用户编辑的数据一致性、数据的回滚,用户不必关心具体的实现。基于内存引擎的数据编辑实质上将数据库的数据解析为自己的结构,其作为一个系统服务程序应由内存引擎控制数据的冲突检测、并发控制等,这当然会加大系统编程的难度,但是符合软件发展的"系统使用越来越简单、系统编程越来越复杂"趋势。

数据编辑大致有两种情况:一是从无到有;二是对现有数据的及时更新维护。第一种情况一开始就可以按照有向节点模型的要求构建相应的数据结构和数据存储,第二种情况需要根据特有的接口首先构造有向节点模型的结构才能进行数据的编辑和存储。多用户同时对数据进行操作的关键问题是如何保持数据的一致性。为保持数据的一致性,可以设定基于记录级的锁定和冲突检测与修改两种实施方案。记录级锁定是指对某一图元进行首次操作的用户将该图形数据迁出且锁定,而其他用户不能再对该图形要素进行编辑。冲突检测不将任何图形要素锁定,而是根据操作的时间顺序提示后操作者,并给后操作者相应的权利以保持数据一致。

客户端从内存服务器读取数据并在本机建立相应的内存结构以后,将部分(或者全部)地理数据读入自己的内存结构,对地理数据的每一次操作由内存控制结构记录操作的具体代码,如添加节点、删除节点、移动节点、修改节点连接关系、修改节点属性等,以及操作的时间,操作的顺序号等相关信息。通过即时同步(在每一次操作同时向其他客户端和内存服务器发送操作控制信息)或者延迟同步(批量发送操作控制信息),其他客户端根据发送的同步消息同各自的内存结构进行比较,对同一图形要素(具有同一个 ObjectID)如果本机内存和其他客户端的同步消息中都有修改标志,则提示操作时间在后的人员数据出现冲突,并提供三种解决方法:否定他人的操作;否定自己的操作;否定所有操作。根据系统的总体设计规则和需要可为每一个客户端用户设定级别(rank),当出现冲突时级别高的用户的操作自动否定级别低的用户的操作,同级别的用户根据时间先后解决冲突。

6.2.2　智能化编辑

以往的数据编辑往往是操作员有什么画什么,完全按照图纸的原样复制。对于地下管线这类拓扑关系要求严格,数据质量影响上层应用的图形结构,数据加工的质量控制完全依靠人工来实现拓扑一致性和连接关系的正确性,这不仅增大了工作量且精度和准确性难以保证。随着 Esri 公司的 Geodatabase 的出现,其开始依靠系统本身的规则和约束实现数据的一致性,对几何网络更是制订了一系列的连接规则、验证规则、属性规则等确保数据采集的正确性,提高效率。附加规则约束的特征称为智能化特征,有向节点模型借鉴 Geodatabase 的智能化特征并在此基础上根据管网的具体情况进行了扩展,不仅在几何图形上保证了数据连接和拓扑关系的正确性,更在管理层次上依靠行业管理的特点和规范保证了数据的合理性。

1. 基于规则的数据编辑

城市管网中的电力、电信、给水等每一种类的管线都是一个复杂的系统,都有一整套的行业管理规范和运行特征。"规则"不针对某一具体的管线种类,而是在诸多管线上进行某一程度的抽象以后,根据图形关系和共有的管理特色设定的。之所以说在某一层次上抽象,是因为对城市管网的高度抽象便是平面强化的点线二元关系组成的图,有向节点模型根据管理特点将其抽象为节点。高度抽象必然舍弃行业特点,不抽象又无法从本质上解决管网 GIS 存在的问题,调和两者矛盾的支撑点就是规则。

规则的集合即为规则库,是行业知识库在管网图形方面的具体体现。规则库独立于图形结构,便于用户根据业务变更情况及时修改,这种业务和图形系统分离的体系结构使数据的编辑和维护更加方便。专业人员根据业务的具体情况设置规则库内容,数据维护和编辑人员的操作必须满足规则库才能被接受,否则操作被拒绝。

1)规则库建立

(1)Geodatabase 规则表述为有向节点规则。Geodatabase 关于几何网络智能化特征的拓扑规则建立如第 2 章所述,通过节点与边的验证规则、关系规则和属性规则实现。Geodatabase 的智能化规则主要有边边规则、边节点规则、边的连接度和缺省的节点类型等。有向节点模型不将线实体化,因此基于线的规则无法明确化,即线的规则转移到节点上,边边规则成为有向节点的设备类型或属性值的变化,边的连接度成为节点的最大方向数,缺省节点类型成为有向节点的缺省的属性值或者缺省设备类型。因此,所有的连接规则均以有向节点的连接关系和属性值确定。Geodatabase 和有向节点模型的规则对比见表 6.1。

表 6.1　Geodatabase 和有向节点模型的规则对比

Geodatabase 规则	有向节点规则
边边规则:不同类型的边可以通过一个给定的节点连接	节点的前后节点的类型、等级不一 如:变径接头的前后节点管径不一致
边节点规则:哪种类型的节点可与某一类型的边连接	节点与前后节点之间的连接关系符合规则 如:前节点为高电压等级主干线,后节点不能为低压电表
节点连接度:一节点最多连接的其他节点数	节点的最大连接方向数
缺省节点:两种类型的边连接时默认插入的节点类型	插入节点继承前节点某属性值 如:在三通节点的某一管径方向上自动继承相应管径值

　　将 Geodatabase 中的规则转化为有向节点模型中的规则,由于边的规则全部附加在节点上,因此对节点的种类、分层等需要进一步限制。例如在给水系统中,三通、四通、变径接头等非常普遍,因此一种方法是设置相关的节点类,如三通类、四通类、变径类等,但是变径接头又有好多种,例如基于三通的变径,变径的管径级数不一等,尽管种类很多但总是可以穷举,另一种方法是增加能满足各种情况的节点类。前一情况增加数据处理的难度,后一情况增加数据字段,造成数据冗余。以图 6.4 的例子说明边边规则的有向节点表示。

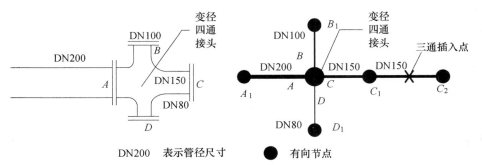

(a)变径四通接头连接不同等级节点的管点结构图　　(b)变径四通接头连接不同等级节点的逻辑图

图 6.4　有向节点模型表示 Geodatabase 的边边规则

　　如图 6.4 所示,一根管径为 200 mm 的供水管通过一个变径四通接头连接一根管径 100 mm 水管、一根管径 150 mm 管、一根管径 80 mm 的管。用 Geodatabase 的边边规则的描述如下:3 根不同管径的水管(150 mm、100 mm、80 mm)需要通过一个相应变径级数的异径四通相连。有向节点将其表示为:在采集 A_1 节点后,采集变径四通节点,定义四通各个方向上的管径等级(200 mm、150 mm、100 mm、80 mm),后续节点依四通的 4 个出口的管径而继承缺省的属性。如四通的 4 个方向 A、B、C、D,定义的管径等级如图 6.4 所示,D_1 自动继承 D

方向的管径等级 80 mm，C_1 自动继承 C 方向管径等级 150 mm，B_1 自动继承 B 方向等级 100 mm。

对节点等级发生改变的节点，如上述的变径四通接头，宜设置单独的节点等级变化表记录该节点的前后等级的变化情况，便于网络的拓扑分析和逻辑管理。节点等级不发生变化节点属性均存放于节点属性表中，使用节点等级变化表、节点属性表和节点关系表共同完成节点的分析和数据操作。

边节点规则：在图 6.4(b)中，C_2 节点不能为管径为 100 mm 的阀门。

缺省节点规则：在图 6.4(b)中，C_1 和 C_2 之间插入一个节点，如果事先定义在管线之间插入节点的类型为三通，那么插入的节点自动成为三通，该三通的左右两个方向的管径继承获得 150 mm，三通的另一个方向由用户自行定义管径的大小和走向(向上或向下)。

（2）有向节点模型节点规则建立。管网数据的某些编辑应首先判断是否满足规则条件，如添加节点、更改连接关系等操作，规则库由关系表存储，在使用时同样加入到内存，作为常驻内存的系统控制表不受内存调度的约束。以城市配电管网为例详细表述有向节点规则的具体内容。

表 6.2 的表征设备类型实际上是节点之间的缺省的连接方式，即线的类型。如前述，有向节点模型并不排斥线，反而认为其是显示节点关系的直观表示，因此在数据编辑和显示过程中，为了直观的表示节点之间的不同的表征类型的线，仍然将线类型显示出来，只不过不将线实体化。在节点关系维护和添加删除节点过程中，要自动更新节点之间的连接关系，由此设定表 6.3 表示关系修改规则。

表 6.2　有向节点模型的规则关系

序号	设备类型1	设备类型2	表征设备类型	缺省节点	关系描述
1	杆塔	电缆头	连接线		
2	电缆头	电缆头	电缆		
3	杆塔	杆塔	架空线		
4	杆塔	开关			依附
5	杆塔	箱式变	连接线	电缆头	
6	杆塔	变压器			依附
7	杆塔	配电房	连接线/电缆	电缆头	
8	变电站	杆塔	连接线/电缆	开关	置外
9	电缆头	变压器			依附

说明：上述关系规则如第 2 项，电缆头之间自动配置电缆设备类型，第 3 项杆塔之间自动配置架空线类型，第 5 项杆塔和箱式变之间自动生成连接线并配置电缆头，依附表示设备类型 2 必须在设备类型 1 上。

表 6.3 表征线和有向节点之间的规则关系

序号	表征设备类型	节点	操作描述	关系规则
1	架空线	杆塔	添加	断开
2	架空线	开关	添加	增加杆塔
3	架空线	变压器	添加	增加杆塔
4	架空线	杆塔	删除	前后杆塔连接
5	架空线	开关	删除	杆塔强制删除
6	架空线	变压器	删除	杆塔强制删除
7	电缆	电缆头	添加	断开
8	电缆	开关	添加	增加缺省连接设备
9	电缆	电缆头	删除	前后电缆头连接
10	电缆	开关	删除	缺省设备删除
11	……	……	……	……

说明：第 1 项表示在架空线（两个杆塔之间）添加新的杆塔时将架空线断开，杆塔关系重新维护；第 2 项表示在架空线上增加开关时必须增加杆塔，且开关需在杆塔上（表 62 的依附）；第 6 项表示在架空线上删除变压器时，杆塔不能自动删除，需要强制删除……

　　表 6.3 的规则关系加载到内存以后，作为监测程序监视用户的每一步操作，根据操作类型自动维护符合规则库定义的设备，以实现数据维护的自动化，将知识库和用户系统紧密结合起来。每一次的数据编辑首先判断是否满足规则条件，然后记录操作控制信息；最后才提交内存引擎，并由内存引擎统一写入文件或数据库。

　　2）连接关系生成

　　建立有向节点模型的目的之一是提高数据维护的效率，根据规则增加自动化的处理。数据维护的主要任务是拓扑关系的建立和图形数据、属性数据的编辑。有向节点的拓扑关系表现为节点的连接关系。图形数据依照上述的规则库限制，实现数据维护的合理化和智能化。某些属性数据能够根据行业规则和特征自动生成，但是大部分属性数据是区分设备的主要标志，因此只能是人工输入，没有更加快捷的方法。连接关系作为拓扑的表现也是在图形数据的维护过程中根据规则库和操作方式（表 6.2、表 6.3）自动生成和维护。仍然以城市配电线路的维护说明问题，传统的点线分离的模型杆塔和架空线要分别采集，首先采集电力线路，然后根据位置采集点状的杆塔，用捕捉的功能来消除可能产生的错误。这方面 ArcGIS 做得最好，不仅能捕捉节点（node）、顶点（vertex），还能捕捉线，MapInfo 只能捕捉线上的点（node 或 vertex），使数据维护的精度大大降低。有向节点在数据维护时，只需要采集杆塔等特征明显的点状设备，两个杆塔之间自动连线并建立

拓扑关系,使数据采集一次完成,根据继承关系自动填充相应的属性值,如图 6.5
所示。

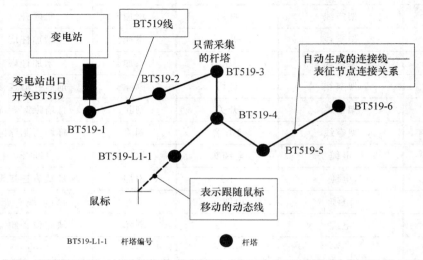

图 6.5   有向节点模型在数据维护过程中连接关系自动生成示意

要进行如图 6.5 的数据维护,传统的做法是先采集 BT519-1 到 BT519-6 之间
的线路,在采集的过程中不必关心杆塔在什么位置,也不必关心中间点具体在什么
地方(鼠标沿着线的走向追踪),在生成线以后,置杆塔层可编辑,在杆塔的具体位
置添加杆塔。有向节点模型首先采集杆塔 BT519-1,输入杆塔的必需参数如所属
线系、所属变电站、杆塔型号、架空线类型等信息,然后直接在 BT519-2 处单击生
成杆塔,BT519-2 获取继承 BT519-1 的上述共有参数,编号也根据编号规则自动
命名,然后在其他杆塔位置处单击,生成其他杆塔设备,以此类推,生成本线系的所
有杆塔等设备。BT519-1、BT519-2、……、BT519-6 之间具有的连接线即杆塔之间
的架空线也同时显示,其目的是给用户以直观的显示,表明杆塔之间的连接关系。
BT519-L1-1 杆塔和鼠标指针之间的连接线表示在数据采集过程中的鼠标移动基于
BT519-L1-1 的轨迹线,并显示当前待采集杆塔和前指杆塔之间的动态连接关系。

杆塔 BT519-4 在形式上看像分支接头,其后续节点为 BT519-5 和 BT519-L1-1
两个杆塔,如果是供水系统,BT519-4 应为三通接头,但是电力、电信等信号传输的
管网系统在分支接头处并不总是需要特殊接头设备,从这一点上看供水、燃气等水
气传输管网和信号传输管网是不同的,但这并不妨碍有向节点模型的通用性。这
是因为:首先城市管网的水、电、气由不同的部门管理,同一个系统一般不会对不同
管网做拓扑相关的操作;其次即使在同一个系统中完成水、电等不同管网的数据维
护,由于水、电属于不同的网络系统,规则总是针对具体的网络,不同网络可以设置
不同的规则,也即水和电管网网络具有不同的边、节点规则,使上述问题在各自的

网络规则框架内不存在冲突。但是如果在 BT519-4 和 BT519-5 之间架设分支线，那么必然生成新的杆塔以实现线路的增加，这一点不同的管网有相似的规范。

对于电力系统中的同杆架设等特殊现象，需对节点作特殊的处理。同杆架设在有向节点模型中的描述为一节点属于不同的线系，两个相邻节点之间存在多个连接关系，每一个连接关系代表不同的线路。还是通过增加节点关系表中的记录数来解决，节点属性表也应该进行扩展。但是由于同杆架设的非普遍性，宜用单独的关系表进行处理，而不改动节点属性表的基本结构，即用单独的辅助表记录某一节点所属于的不同的线系，在空间数据的可视化上进行同杆架设的表现。

2. 基于数据字典的属性数据编辑

基于规则库和连接关系的数据编辑，还是一种图形上的控制，或者说是基于某种属性的图形控制。数据编辑的工作有两部分：一是图形数据的编辑和拓扑的建立；二是属性数据的录入和修改。属性数据的编辑依靠属性域和数据字典来保证数据的一致性、完整性和正确性。

属性域是节点的属性字段的取值范围和类型限制，例如设置节点的某一字段为数值型，则不能在该字段中输入字符。设置某字段的取值范围为 $1 \sim 100$，那么如果输入的数值不在此范围内，将不被接受。

数据字典是数据的元数据，是对某一数据进一步的描述，是关于数据的档案。基于数据字典将共性的数据单独存储，通过数据索引获取共有的属性。如在维护变压器节点数据时某一型号变压器对应诸多共有参数，在变压器的属性表中仅需输入型号，而不必一一将相关参数录入。数据使用时通过型号索引检索子表，实现数据关联，如图 6.6 所示。

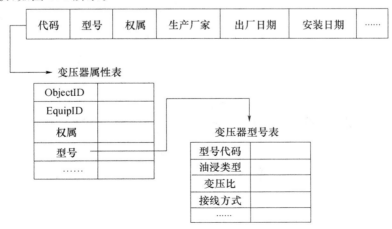

图 6.6 基于数据字典的属性数据编辑与关联（以配电变压器属性数据编辑为例）

3. 线(连接关系)的存储

有向节点模型将线表示为连接关系,只存储节点的相关资料,简化了数据的维护和录入。线的相关属性由节点属性和连接关系计算而得,尽管管网管理中很少使用线的统计和检索查询,但是在空间数据的可视化、专题制图和基于线的统计时,若每一次都通过大量的计算来生成连接关系对应线的属性,并不是最优的方法。

将有向节点及其连接关系实体化,生成相应的线进行存储,用于地理制图和可视化以及基于线的统计(尽管很少使用),生成的线以规定的格式序列化写入关系数据库的二进制字段中。如果节点数据修改,在空闲时间由系统自动生成或修改相应的线数据并存储,基于有向节点模型的线存储不用于空间分析。线以更高的综合尺度存储,将具有共同属性的节点组成一个线的弧段,尽量减少线的"破碎",减少数据库的记录数,提高检索速度,例如在配电网络中可以线系为单位存储线,在燃气管网中以某一线路为单位存储等。线的可视化还是一个节点到另一个节点的连线,其以不同的笔、刷和填充类型完成。

线的存储使用在很大程度上弥补有向节点缺少线处理的弊端,增加有向节点模型的实用性。

§6.3　网络表达与分析

6.3.1　网络表达

管网的本质是一个线性网络,根据抽象的层次和表达的不同分为表征地理实体的物理网络、表征几何特征的几何网络、表征数据本质联系的逻辑网络。以燃气管网为例说明,燃气管网物理网络示意和几何网络示意如图 6.7 和图 6.8 所示。

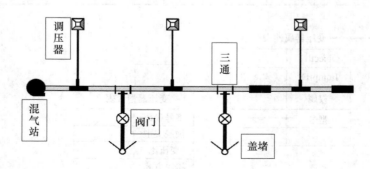

图 6.7　燃气管网物理网络示意

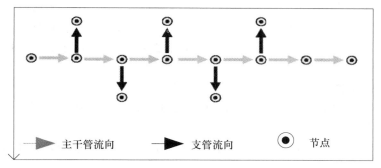

图 6.8　燃气管网几何网络示意

　　燃气管网的逻辑网络作为几何网络的数据结构,其表达参见图 2.2。

　　有向节点模型的几何网络由特征点和造型点共同生成,表述城市管网空间数据的几何特征,主要用于地理制图和可视化表达。逻辑网络即节点之间的连接关系已经存在于节点关系表中,无须另外构建。有向节点模型对逻辑网络的使用更加频繁,不仅仅是空间分析使用逻辑网络,就是线的构造查询和属性统计也是在逻辑网络上完成的。

　　更重要的,有向节点模型的逻辑网络不再和几何网络一一对应,可以抽取感兴趣的管理对象动态生成管理需要的逻辑网络。如抽取开关及其关系生成调度员界面使用的调度示意图;抽取变压器及其连接的开关查看供电来源与控制设备之间的关系;抽取供水管网的主要阀门生成供水主干网络等。这种抽取过程往往是要通过计算获得,例如开关作为节点在数据维护时,它的前一节点可能是一个杆塔,后一节点也是杆塔,必须通过杆塔之间连接关系追踪上游的供电开关和下游的开关。有向节点的优势也在特征点的划分上,按照不同的要求抽取的特征点可以自由生成需要的逻辑网络和示意图,给管网的管理很大方便。逻辑网络和示意图的自动抽取彻底解决了长期困扰行业管理的地理图和管理用的逻辑图之间自动对应的关系。

　　更进一步,特殊需要的开关连接图、阀门关系图、管网平差图等均可由节点关系及节点等级等自动生成,抽取的图形按照逻辑关系并参考地理相对位置显示,使 GIS 不再仅仅按照地理位置显示图形,扩展了 GIS 的图形表达功能,更符合管网管理的需要。

6.3.2　网络分析

　　对地理网络(如交通网络)、城市基础设施网络(如各种网线、电力线、电话线、供排水管线等)进行地理分析和模型化,是 GIS 中网络分析功能的主要目的。网络分析是运筹学模型中的一个基本模型,它的根本目的是研究、筹划一项网络工程如何安排,并使其运行效果最好,如一定资源的最佳分配、从一地到另一地的运输费用最低等。其基本思想则在于人类活动总是趋于按一定目标选择达到最佳效果的空间位置。常见的网络分析的主要任务有路径分析、资源分配、连通分析、流分析和选址等。

1. 网络结构

二元点线结构的地理网络数据结构的基本组成部分和属性如下。

1)链(link)

网络中流动的管线,如街道、河流、水管等,其状态属性包括阻力和需求。

2)节点(node)

网络中链的节点,如港口、车站、电站等,其状态属性包括阻力和需求等。节点中又有下面几种特殊的类型:

(1)障碍(barrier),禁止网络中链上流动的点。

(2)拐点(turn),出现在网络链中的分割结点上,状态属性有阻力,如拐弯的时间和限制(如在 8:00 到 18:00 不允许左拐)。

(3)中心(center),是接受或分配资源的位置,如水库、商业中心、电站等,其状态属性包括资源容量(如总量),阻力限额(中心到链的最大距离或时间限制)。

(4)站点(stop),在路径选择中资源增减的节点,如库房、车站等,其状态属性有资源需求,如产品数量。

除了基本的组成部分外,有时还要增加一些特殊结构,如邻接点链表用来辅助进行路径分析。

一元的有向节点模型的管网网络的结构表示为节点及其连接关系,网络的所有属性附加在有向节点上,链的阻力与需求表现为节点指向另一节点的阻力和需求。不同节点类型表现为有向节点的不同属性,障碍是将有向节点的是否可用属性设置为不可用(disable),拐点即转弯阻力表现为节点的前一节点到后一节点的转向阻力,增加节点转向表(turn table)来表示,转向阻力一般存在于城市交通网络中,城市管网网络中很少存在该情况。中心表现为资源的供给点,如水库、变电站等;站点表现为资源的补充和转移点,如配电房、加压站等。在形式上中心和站点表现为复杂节点。依据复杂节点和节点等级等限制参与网络分析和资源配置。

2. 网络分析算法

从本书结构上讲,网络分析是本书不可缺少的一部分,但是本书研究的重点是如何将数据以有向节点组织和如何使用空间数据内存引擎提高效率和集成度,不研究网络分析的具体算法。GIS 网络分析的各种算法均是数据结构中图的算法的应用,针对各种具体的应用,国内外对图的算法的研究取得了非常多的成果。在现有数据基础上使用空间数据内存引擎,需要解构现有的地理数据结构(Coverage、Geodatabase 等),并构造适合网络分析具体算法的结构以进行数据分析,这会加大开发工作量,但能使开发者更灵活地使用已有的各种网络分析的算法,并可以在已有算法基础上进行改进,针对具体的数据和使用目的使算法的效率有不同程度的提高。基于有向节点模型和 SQL 语言的算法在第 3 章中已有叙述,下文将对GIS 中常用的路径分析、资源配置等算法做一概述。

最佳路径问题在图论中研究得最彻底,当网线在顺逆两个方向上的阻碍强度都是该网线的长度,而结点无转角阻力或转角阻力都是 0 时,最佳路径就是最短路径。最佳路径的求解算法有几十种,常用的是戴克斯特拉(Dijkstra)算法,适于求解单源最短路径,在 GIS 中广泛采用。对于两结点最佳距离的求解,常用 Floyd 算法和 Dantzig 算法,它们都是从图中的邻接矩阵开始反复迭代,最终得到距离矩阵。求解一个结点到其他各个结点之间的 K 条最短路径常用二重扫除算法(double sweep algorithm)。

资源分配方案的求解常使用戴克斯特拉算法,因为其搜索过程正好与从中心出发由近及远的资源分配方案一致。

网线最佳遍历方案的求解在图论中称为中国邮路问题,它是一个既与 Euler 图有关又与最佳路径有关的问题,使用“奇偶点图上作业法”可以求得最佳闭合路径。

结点游历问题类同于图论中著名的推销员问题(TSP,即寻找经过每一结点一次的最佳闭合路径)。TSP 的求解算法经适当修改以后,一般可以用于结点的最佳遍历方案的求解。TSP 是一个 NP 完全问题,一般只能采用近似解法查找最优解。较好的近似解法有基于贪心策略的最近点连接法、最优插入法、基于启发式搜索策略的分支限界法、基于局部搜索策略的对边交换调整法等,后两种方法常能得到相当满意的结果。

连通分析问题对应于图论的生成树求解。求连通分量往往采用深度优先遍历或广度优先遍历形成深度或广度优先生成树。最小费用连通方案问题就是求解图的最优生成树,一般使用普里姆(Prim)和克鲁斯卡尔(Kruskal)算法。

流分析在图论中为带收发点的容量网络,当运送方案的最优标准是运输量最大时,使用 Ford 和 Fulkerson 提出的最大流量法来求解。流向分析在管网中,需要结合几何图形和管网实时运行参数及专业模型求解。

选址问题随具体的要求不同而不同,且其求解方法及其复杂度差别很大,如果设施限定安放于结点处,而选址判据是离最远的结点距离最短(为了保证及时反应,消防站的设置可能基于此标准选址),则只需求出任意结点对的距离,建立距离矩阵,使用距离矩阵选址的一种方法如下:先找出此距离矩阵中每行元素里的最大值,接着在入选的这些值中选取最小的一个值,该值所对应的结点就是选址定位点。其他对单一设施定位的问题虽然可能比上面的例子复杂,但总能最终解决。相比之下,同时选择几个设施位置的问题就困难得多,需要依靠总体的规划辅助求解。

§6.4 空间分析

网络分析是管网空间分析最基础的功能,其他常用的空间分析有缓冲区分析、叠加分析、跨越分析和纵横断面分析等。这些分析的共同特点是在有向节点模型基础上,依靠节点生成的连接关系进行分析计算。

6.4.1 缓冲分析

缓冲区分析是建立地理实体一定范围内的多边形,是基于空间目标拓扑关系的距离分析,其基本思想是给定一个空间目标(的集合)、确定它(们)的某个邻域,邻域的大小由邻域半径决定。因此,空间目标 O_i 缓冲区为

$$B_i = \{x : d(x, O_i) \leqslant R\}$$

式中:R 是邻域半径,称为缓冲距;d 一般是指最小欧氏距离;B_i 是空间目标 O_i 的缓冲距为 R 的缓冲区,是全部距空间目标 O_i 的距离 d 小于或等于 R 的点的集合。对于空间目标集合 $O = \{O_i : i = 1, 2, \cdots, n\}$,其缓冲距为 R 的缓冲区是其中单个空间目标的缓冲区的并集,即 $B = \bigcup_i^n B_i$。

在管网管理中,缓冲区分析有三种情况,即点、线、面的缓冲区分析,由于管网的线性特征,有向节点模型有关联的缓冲区分析主要是点、线的缓冲分析。

点的缓冲区分析即生成该节点的一定半径的圆,其主要用于分析服务半径、影响范围等,如一变压器周围 1 000 m 内的居民有多少、一调压器最大服务半径 500 m 等。

线的缓冲区就是生成距离该线一定范围内的多边形,是相邻有向节点的连线按一定距离作平行线,并在线的端点处绘制半圆或者直接连接而成。

6.4.2 叠加分析

管网中常用的叠加分析主要是:点是否在多边形内,线、多边形的关系判别,线、线的跨越分析。

(1)点与多边形的分析。判断一个点是否在多边形内或边上。管网管理中表现为判断一个街区内有多少变压器、阀门等,判断一个具体的节点设备和某一建筑之间的关系等。

(2)线、多边形关系。判断一条线(两个节点之间连线)和某一多边形之间的关系:相交、相邻、置内、穿越等。管网管理中表现为判断电力线路是否跨越建筑物、供水管道是否穿越某街区等。

(3)线、线关系。判断两条线是否交叉、跨越等。管网中主要用于判断两个水

管是否交叉、电力线路的跨越(不连接,空间上高程存在差别)等。

管网管理中一般很少使用面面的叠置,例如判断一建筑物是否在一街区内,这些叠置分析与有向节点模型基本无关,本书不予讨论。

6.4.3　纵横断面分析

管网管理中,特别是在地下管线施工时,经常需要使用管线的纵横剖面图,以清晰地表示某一条管线的走向和与其他管线之间的关系。国家对各种管线的高程、埋深和管线之间的最小纵横向距离有明确的规定,横剖面图有助于分析各种管线是否存在违规现象,以在新施工时设计合理的间距,保证管网的运行安全。纵剖面图使管线的走向一目了然,特别是在排水系统中,纵剖面图(系统图)是流向分析、资源配置和日常管理的关键。

§6.5　空间数据可视化与制图表达

管网空间数据最终必须以人们易于认知的方式表达出来,既符合行业规范和表达的需要,做到望图知意,又体现 GIS 的引入带来的空间数据表达的革新。在制图和可视化时,使用存储的线而不必每一次计算线的参数可以提高效率。

6.5.1　空间数据可视化

空间数据可视化是一个内涵丰富的概念,本书主要指以合理的、符合用户习惯和行业规则的符号在计算机屏幕上显示、表征各种地理实体。其核心是管网设备的符号化。

管网设备的符号显示一是要符合国家和行业规范,如给水、电力等都有自己的行业制图规范;二是要在屏幕显示时醒目、直观,便于分类和用户定位。国家或行业的规范兼顾制图需要,符号以二制化(黑白)表示,但计算机显示仅用黑白两色显然是不够的,人们对于色彩的识别能力远远高于灰度的识别,彩色符号比仅用图形表示差异更为直观。有向节点的符号化在第 3 章中已有叙述。此处主要讨论管点数据的子类化。图 6.9 所示即为城市供水管网的可视化表达。

空间数据的组织宜用较少的图层,将相同的管网设备分为一层,依据不同的属性进行子类化可以提高数据的操作效率。子类是特征类(理解为矢量图层)的次一级分类,通过节点的属性和连接关系控制图层中一组特征的特殊属性。使用子类的主要目的是提高性能,较多使用子类而非图层组织数据,能显著提高空间数据的性能。

有向节点模型的可视化就是使用不同的符号索引表示一组特征,建立某一字段的属性值和符号库的对应关系,根据字段属性值的分类索引符号库中的符号,显示时首先获取特定字段的值,根据该值得到符号索引,然后调用符号类的 Draw 函数进行可视化显示。

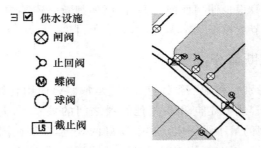

图 6.9　城市供水管网的可视化(基于子类可视化)

6.5.2　地图制图

有向节点模型在制图和可视化表达上没有明显优势,但是辅助点的使用可以使某些特殊需要的制图更加人性化和行业特色化。

1. 空间数据的状态

有向节点模型将空间数据的状态分为常态和打印态两种状态。常态是严格按照空间数据的地理位置显示地理数据,打印态根据需要有选择地调整某些节点使制图更加美观和简单,两者的比较如图 6.10 所示。设置有向节点偏移表,记录需要调整节点的偏移量。在打印态视图下,以偏移量显示空间数据,而非原始的地理位置数据。这些经过偏移以后的节点,是辅助节点的一种典型形式。

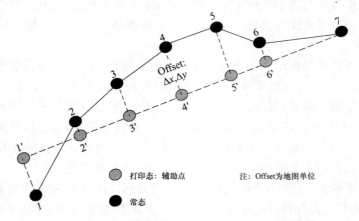

图 6.10　辅助点的常态、打印态两种形式的数据比较

电力线路单线图的打印常使用打印态数据,以使制图美观、版面布置合理,符合行业约定俗成的制图标准。

2. 数据视图和排版视图

数据维护、查询检索和空间分析使用的是数据视图。排版视图主要用于地图制图,合理布置各种制图要素,其不能在此视图中进行数据的维护和空间分析。

　　地理制图存在非地理数据要素,如比例尺、指北针、图例、制图说明等。这些要素并不是管网空间数据的内在特征,也无法用有向节点模型表示,并且这些要素也没有地理位置,只是一种制图上的需要。声明单独的 CMapElement 地图要素类,作为指北针类(CNorthArrow)、比例尺类(CScaleBar)、标注文本类(CLayoutText)、图例类(CLegend)的基类。在数据视图的基础上声明 CDataFrame 数据类,作为数据显示的容器在排版视图中显示地理数据,在 CDataFrame 内部的操作等同于数据视图的操作。

　　将空间数据分为两态,以便于辅助点参与地理制图;将视图分为数据视图和排版视图,以将空间数据的操作和制图操作区分开,便于系统的编程实现和数据使用。排版视图的制图要素类的继承关系如图 6.11 所示。

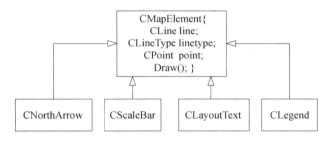

图 6.11　排版视图的制图要素类的继承关系

§6.6　实时拓扑

　　实时拓扑是管网 GIS 拓扑关系的特点和难点,纯粹基于几何图形的网络拓扑在实时运行的管网网络分析中几乎是没有实际意义的,因为具体节点是否可用、是否参与网络分析均随管网的工况发生变化,例如开关断开以后需要将开关节点的 Enable 状态置为 Disable 状态、不同开关的分合造成实际拓扑关系的改变等,如图 6.12 所示。

　　在电网正常运行是,地质大学由变电站 2 的 B2-1 线路供电,在网络拓扑上 KG5 是地质大学供电的控制设备,网络流向是变电站 2→KG6→KG5→地质大学。负荷分析、潮流计算等其他基于拓扑的计算都是根据正常状态计算。当 KG5 异常跳闸,KG4 根据预先设定的规则自动闭合以使地质大学的供电源变为变电站 1,此时地质大学的控制设备变为 KG4,电流方向变电站 1→KG1→KG3→KG4→地质大学,因此所有基于实时拓扑的计算均需重新调整,这样才符合电网运行的真实状态,仅仅从几何网络上无法做到这一点。

　　同样,在供水、燃气管网中,网络的资源流向、某一站点的供给范围也需根据实

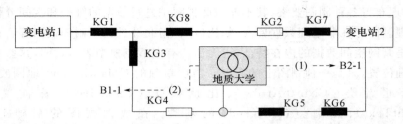

(1)、(2)表示地质大学属于不同的实时拓扑结构

图 6.12　配电网实时拓扑示意

时运行的参数(如流量、压力、流速等),根据各自的专业模型进行计算,如图 6.13 所示的燃气管网使用平差计算确定实时流向,结合几何网络进行分析,最后将分析的结果显示在地理图形上。

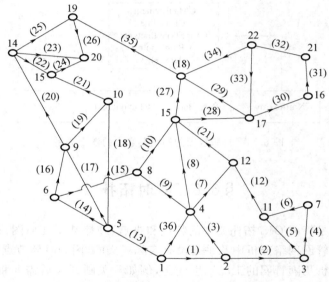

图 6.13　燃气管网的平差图(确定实时流向)

　　有向节点模型在实时拓扑中的优点就是自动抽取计算的逻辑网络,直接将实时参数附加在节点上,以地理图形参与管网计算。如此,需要计算的地理量如管线长度、管线阻尼等由 GIS 来计算,行业模型由各自具体的算法实现,在节点的基础上实现一体化。

§6.7　决策支持

　　综合调度系统的根本目的就是提高决策的实时化、科学化,提高决策的效率,减少人工干预造成的决策失误、工作推诿的种种弊端。在管网 GIS 基础上进行多系统的集成,加之管网的空间分析功能,使 GIS 成为实时决策的基础平台。在 GIS 基础上结合 SCADA 和 CIS 等系统的功能,基于业务流、数据流、工作流和专业规则,根据预置的各种应急方案,自动生成工作单和派工单,最大限度地提高应急能力,减少损失。

决策支持需多系统协作共同完成,GIS 根据 SCADA 系统的报警信息,提取相关设备的静态参数,结合 CIS 的用户数据,选择最优方案。

例如在城市供水系统中,SCADA 系统检测到某一监测点压力突然降低,GIS 根据监测点位置自动判断需要关停的阀门,将关阀方案和具体地理位置结合行业操作规程,生成各种操作票和派工单,自动传至相关人员,并以声音、光电设备和自动打印等多种形式进行报警。图 6.14 是燃气管网中的爆管分析示意,根据爆管位置,自动确定需要关停的阀门。

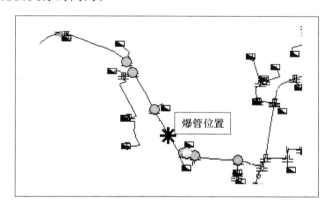

图 6.14　爆管分析(表示管道爆裂处的地理位置,为调压器)

GIS 图上的模拟操作也是决策支持的一项重要功能,例如要进行配电线路的改造、天然气的置换等需要影响居民生活的操作。可首先在 GIS 地理图上进行模拟操作,模拟设备的关停状态,使 GIS 自动根据其他数据库的资料分析受影响的用户数,估计造成的损失,给出最有的操作方案,争取最大限度地减少对居民生活的影响,将损失降低到最小。图 6.3 展示了综合实时调度 GIS 的决策分析过程。

§6.8　本章小结

本章重点论述在前文提出的有向节点模型和空间数据内存引擎的基础上构建城市管网综合实时调度 GIS 系统的关键技术和实现方法。

实时调度 GIS 系统是以 GIS 系统为平台,综合集成 SCADA、MIS 和其他系统,以保证管网的正常运行和智能化决策的系统一体化。有向节点模型结合空间数据内存引擎实现管网数据的智能化编辑,依靠有向节点规则保证数据的拓扑正确性和连接关系的自动生成,使用数据字典保证属性数据的正确性。通过在内存引擎中增加相应的控制字段,实现数据的即时同步、冲突检测,根据操作用户的等级,进行冲突检测中的数据确认。

网络表达和分析是管网 GIS 的重要功能。网络表达由有向节点模型根据不同的需要自动生成,几何网络和逻辑网络在更高的层次上实现转换。结合地理位置和逻辑关系自动生成各种示意图拓展了 GIS 的图形功能,便于在 GIS 上直接进行管网平差、潮流计算等高级应用。本书不拟对网络分析的各种算法进行深入研究,几何网络中的最短路径分析、连通分析等的算法均有大量的文献,本章对不同网络的算法适应性仅作一简单表述。

除网络分析以外,管网 GIS 也常使用空间分析中的叠加分析、缓冲区分析和纵横断面分析等。有向节点模型使缓冲区分析和纵横断面分析易于实现,叠加分析可以借助存储的线结合节点共同进行。

制图与可视化非有向节点模型的强项。讨论制图和可视化的两种视图为数据视图和排版视图。给出数据视图和排版视图的类层次关系,讨论了辅助点的两种状态,即编辑态和打印态。

实时拓扑是实时调度 GIS 系统的重要功能,也是决策支持的基本要求,管网特点是拓扑关系随实时运行的工况而发生变化,单纯的几何拓扑无法体现管网的实际运行情况。在分析实时拓扑的基础上,讨论了综合决策系统的业务流程和决策过程。

第7章 结论和展望

本书的前述研究取得了一些成果,使读者对城市管网的数据模型和集成机理有了深刻认识。当然其中也存在一些不足,尚有待于进一步的研究。简述如下。

§7.1 本书的认识及成果

7.1.1 有向节点模型

城市管网 GIS 作为管网综合调度管理的基础系统,在工程中得到了广泛的应用。目前管网 GIS 基本上都是在通用 GIS 平台基础上进行行业应用,鲜有管网 GIS 自身理论的研究,也没有专门的管网 GIS 数据模型。要么是通用的过于宽泛的地理网络模型应用于城市管网的分析,要么是过于专业的专业模型如配电模型、给水模型和排水模型等在自身领域的应用。通用模型充分利用了 GIS 的功能,但是专业知识、行业模型难以融合到系统中。过于专业的模型如配电的潮流分析模型、给水的管网平差模型等又难以利用现有的 GIS 分析功能和空间数据。现有的研究朝两个方向发展,即地理网络模型的研究和各种管网专业模型的研究。如何将两个方向的研究最大限度地融合,充分地发挥各自的优势,是有向节点模型提出的背景。

有向节点模型的提出还源于城市管网 GIS 的空间数据的几何特征和管理要素特征。管网空间数据几何特征简单、节点明显;管点连线即为管线的几何形状,无曲线、折线等复杂几何形状。从管理上讲,管网管理侧重于管点的管理,日常管理的资产管理、生产运行、业务报表、报警控制、设备检修等均是围绕管点如开关、阀门、调压器等展开。用户关心的是设备的正常运行状态,即各种实时的参数,管网的调度管理也是基于抽象为节点的设备进行,多系统的集成数据也是通过节点设备的连接完成。也即日常的管理基本上是针对管点而非管线的。

由此提出有向节点管网数据模型,突出节点作为管网管理和数据建模的基础,将城市管网的二元网络结构简化为一元结构,即将以点、线为建模要素,且以线为主的地理网络建模方式简化为以点为主、结合点的连接关系的建模方式。

为使有向节点模型切实满足管网管理的不同层次、不同部门的需求,将有向节点分为特征点、造型点和辅助点。这是一种管理层次上的划分,没有确定的划分标准,取决于用户管理的目的。一般情况下,特征点用于用户调度管理的逻辑网络的自动抽取和生成,如将开关及其连接关系抽取,生成配电管理的逻辑示意图,便于调度员的操作和调度命令的执行。造型点用来构造和地理位置相关的几何网络,用于用户制图、资产管理、查询统计和空间分析等。辅助点主要是为保证管网拓扑完整性,进行多级网络分析和辅助制图等。节点分类仅是一种逻辑上的关系,非节点的本质特征。

有向节点模型定义了节点的等级和复杂节点。该复杂节点和 Geodatabase 的定义不同,不再是一种实际上参与网络分析的节点群组,而是容纳节点群组的容器,如配电房、分支箱等。节点等级是否变化是区分两类复杂节点的本质,它控制多级网络分析的层次。

节点之间的连线即管线实质上是管点之间的连接关系,"有向"就是体现这种连接关系,在关系数据库中这种连接关系表现为数据库表中的记录。管网在本质上是一种有向图。考虑到实际情况,大多数情况下并不对管网的流向进行人为限制,因此给出管网网络有向图和无向图的两种数据存储方式。有向图以增加记录来表示方向和双向的阻力不同。

一元的管网网络模型在数据存储上只需两个关系表即可完成,即节点属性表和节点关系表。节点属性表记录节点自身的属性如型号、产地、安装日期等,节点关系表记录节点之间的连接关系和阻力值。既然数据存储于关系数据库中,SQL语言使空间数据的查询、统计和空间分析变得近乎完美地简单。数据统计、查询等使用节点属性表,空间分析使用节点关系表,再根据需要增加使用节点等级表、节点转向表等。对管网空间数据的所有操作转变为对关系数据库的操作。

使用节点连接关系规则和验证性规则,设定节点的属性域,管网数据的加工维护只需要采集管点数据,连接关系根据上述规则自动生成,这极大地减少了数据生成的工作量。

有向节点模型的优势体现在充分表现管网的管理和空间数据的本质;简化数据的加工、维护,只需要采集节点、根据设定的规则节点关系自动生成;在本质上反映管网管理的特点,更易于数据集成;以关系数据库存储节点数据,将对空间数据的操作转化为对数据库关系表的操作;使用 SQL 语言使空间数据的查询统计、空间分析变得极为简单。

7.1.2　空间数据内存引擎

既然 GIS 是管网综合调度系统的基础平台,那么数据集成是必然的。数据集成是随 GIS 产生而出现的,GIS 本身就是图形数据和属性数据的集成。空间数据的日积月累,不同数据格式、数据结构的同时并存,多种 GIS 平台的相继出现,不同空间数据库的先后问世,使空间数据的共享变得困难。美国国家地理信息与分析中心(National Center for Geograhic Information and Analysis,NCGIA)提出的

GIS 互操作目的在于提高数据的通用性和空间数据的无缝移植。现实的问题是不同的 GIS 软件开发商,特别是行业的佼佼者,为保护其行业的领先地位,不愿将其数据结构细节公开,更不愿在其平台中集成其他非垄断的数据格式;其他相对较小的开发商又没有精力将不同结构的数据一一在其平台中集成,并开发基于其他数据结构的空间分析模块。因此 GIS 互操作尽管具有明显的理论意义和应用前景,但其真正实现尚需时日。

不同空间数据的无缝共享是数据集成的一个方面。管网管理需要多个系统的共同参与来完成,SCADA 系统、MIS、CIS 都是行业管理必不可少的,因此多系统的集成也是管网 GIS 集成的重要内容。

目前空间数据的集成方式主要是数据的共享,而共享的主要方式是数据格式的转换;多系统的集成主要是通过数据库访问或者其他方式实现数据交换。数据格式的转换造成了大量的资源浪费,且在数据格式转换时往往丢失大量信息,致使共享数据库访问的多系统集成效率低下,管网管理的诸多系统的一体化程度不高,进而影响决策支持的效率和科学性。

城市管网 GIS 是一个多客户端、多系统集成的综合系统,是所有其他系统的数据中心。GIS 客户端频繁地读取空间数据,非 GIS 客户端也需读取海量地理数据,每一次的刷新都是对空间数据(库)的一次操作。有时这些操作还需通过一定的数据引擎才能和底层关系数据库交换数据,频繁地读取低速的硬盘使数据操作和可视化的时间效率非常低。本书提出将部分关键数据加载到内存,由内存进行数据服务,以内存空间换取时间效率,即空间数据内存引擎的思想。

空间数据内存引擎不仅减少直接访问硬盘数据(库)的次数,更能通过合理的内存调度,实现数据的内存同步,使一客户端的数据维护在其他客户端实时同步显示,具有很强理论意义,且明显提高数据的操作效率。空间数据内存引擎是架构在异构、异质、异地(分布式数据库),多格式、多系统、多源数据和多空间数据库引擎上的数据访问层,使异质空间数据同质化、异构数据同构化,实现空间数据对数据消费者的完全透明,真正做到空间数据的无缝集成。

空间数据内存引擎易融入实时数据,实现实时数据的同步刷新,真正做到一体化。也可将空间数据内存引擎结构在硬盘上构建,尽管丢失了数据操作的时间效率,但是将内存引擎硬盘化,构造通用的数据访问引擎,具有明显的实践和理论意义。

总之,空间数据内存引擎不仅提高了数据访问和分析的效率,更真正做到了异构、异质、异地数据的无缝集成和透明使用。

7.1.3 有向节点模型与空间数据内存引擎的关系

有向节点模型和空间数据内存引擎是本书的两个主要创新点,这两个创新点相互独立、相互联系,似乎是一对矛盾体,有向节点模型体现简单,空间数据内存引擎注重效率。

有向节点模型是从数据模型上对管网数据进行研究,实现从本质上体现管网GIS的特点,使空间数据的加工维护和数据分析基于数据库完成。使用 SQL 语言使实现非常简单,但是无法在时间上进行优化,因为无法进入由数据库自身控制的查询语句的解析和结果集的构造。即关注实现的简单而非查询的效率。

空间数据内存引擎是在内存上构筑空间数据访问的中间层,时间效率可想而知。它的关注点一是数据透明、无缝集成,二是以内存空间换取数据操作的时间效率。但在功能实现上存在较大的难度。即不关注实现的简单而关心数据操作的效率和集成度。

城市管网 GIS 建设完全可以只使用有向节点模型而不使用空间数据内存引擎进行空间数据的生产和消费;空间数据内存引擎也不必非要基于有向节点模型,对现有的各种数据可以直接使用内存引擎以提高数据分析效率和实现无缝集成。当然同时使用有向节点模型和空间数据内存引擎无疑使城市管网 GIS 的建设提高到一个新的理念,本书的城市管网综合调度 GIS 系统就是结合有向节点模型和空间数据内存引擎实现的。

§7.2　本书的主要不足之处

由于知识水平和时间所限,本书尚存在以下问题需要进一步研究。

(1)本书提出了有向节点模型和空间数据内存引擎的思想,给出了实现的体系框架,但是由于时间限制没有从底层开发一个完整的系统,无法和现有的 GIS 平台软件进行对比。有向节点模型在数据维护上效率提高了多少? 节省多少工作量? 其数据分析效率如何? 空间数据内存引擎在数据消费的时间效率上有多大程度的提高? 对于这些问题,因为没有系统支持,无法给出具体的数字证明,使本书的完整性和提出的概念说服力有所降低。

(2)有向节点模型没有现成的平台支持,以其构建的空间数据尚无法在现有GIS平台中使用。空间数据内存引擎也存在同样问题,尽管它可以读取其他平台的数据,但在内存中构造的不同数据均质化的数据结构也无法被现有的平台软件认可。即两者的使用需要新的从底层支持的系统,在现有的系统中融合两者的困难较大。但本书提出的有向节点模型和空间数据内存引擎的思想可能被现有平台接受。

(3)空间数据内存引擎要具体实现异构、异质、异地数据的同构、同质和本地化,并且要保证系统的稳定性和健壮性,有较大的实现难度和工作量。

§7.3　进一步的工作

本书基于城市多种管网的共性而提出有向节点模型和空间数据内存引擎的概念,但是城市管网在共性的基础上更有其个性,如配电、燃气、给水和排水等有各自的专业特点。如何最大限度地把握它们的共有特征,使有向节点模型更为通用而又不失其专有特征,是需进一步研究的内容。

在提出的两个新概念的基础上开发出相应的管网 GIS,既简化数据的生产和维护,又使数据消费的效率得到极大的提高,实现不同数据的无缝集成和透明访问,是近期应实现的目标。

从长远目标来说,要继续完善有向节点模型和空间数据内存引擎的概念,加强宣传,使现有的平台软件接受本书的思想,并在其系统实现方面有所体现。

更进一步而言,要促使建立基于有向节点模型的管网 GIS 的行业或者国家级的数据标准,以使现有平台软件接受有向节点模型。将空间数据内存引擎的思想继续深化,推进统一空间数据引擎的出现。将统一空间数据引擎的结构标准化,使现有 GIS 软件支持从该引擎中接收数据进行数据操作和空间分析。最终做到有向节点模型和空间数据内存引擎和现有 GIS 平台的融合,真正体现有向节点模型和空间数据内存引擎的优越性。

参考文献

[1]Lee Y C. Geographic information systems for urban applications：problems and solutions [J]. Environment and Planning B：Planning and Design,1990,17:463-473.

[2]周力尤. 给水行业自动化与信息化技术应用现状与发展方向探讨[J]. 给水排水,2005,31 (7):100-104.

[3]牟乃夏,薛重生. 基于内存缓冲池的实时配电地理信息系统数据集成技术与功能设计[J]. 电气应用,2005,24(4):24-26.

[4]陆锋,周成虎,万庆. 基于特征的城市交通网络非平面数据库的实现[J]. 测绘学报,2002,31 (2):182-186.

[5]罗德安. 一种基于关系数据库的空间数据模型及其特殊应用[D]. 成都:西南交通大学,2001.

[6]Goodchild M F. Geographical data modeling[J]. Computers and Geosciences,1992,18(4): 401-408.

[7]Date C J. An introduction to database systems[M]. 6th. Massachusetts：Addison-Wesley,1995.

[8]Codd E F. The relational model for database management[M]. Massachusetts, Reading：Addison-Wesley,1990.

[9]Laurini R,Thompson D. Fundamentals of spatial information systems[M]. CA：Academic Press,1992.

[10]陆锋. 基于特征的城市交通网络 GIS 数据组织与处理方法[D]. 北京:中国科学院遥感应用技术研究所,1999.

[11]Frank A U,Egenhofer M J. Computer cartography for GS：an object-oriented view on the display transformation[J]. Computers and Geosciences,1992,18(8):975-978.

[12]Frank A U. Spatial concepts, geometric data models and geometric data structures [J]. Computers and Geosciences,1992,18(4):409-417.

[13]Booth B,Crosier S,Clark J. Building a geodatabase[J]. USA：Esri Press,1999.

[14]Zeiler M. Modeling our world[J]. USA：Ersi Press,1999.

[15]Lee Y C,Isdale M. The need for a spatial data model[D]. Canada:Ottawa,1993.

[16]Leung Y,Leung K S. A generic concept-based object-oriented geographical information system[J]. International Journal of Geographical Information Science,1999,13(5):475-498.

[17]陆锋. 地理网络数据模型及算法研究[D]. 北京:中国科学院地理科学与资源研究所,2000.

[18]Egenhofer M,David M M. Modeling conceptual neighborhoods of topological line-region relations[J]. International Journal of Geographical Information Systems, 1995, 9 (5): 555-565.

[19]Worboys M. A generic model for planar geographical objects[J]. International Journal of

Geographical Information Systems,1992,6(5):353-372.

[20] Zhou C,Lu F,Wan Q. A conceptual model for a feature-based virtual network [J]. Geoinformatica,2000,4(3):271-286.

[21]李国标,庄雅平,王珏华. 面向对象的 GIS 数据模型——地理数据库[J]. 测绘通报,2001 (6):37-39.

[22]Webster C J. Structured methods for GIS design part 1：a relational system for physical plan monitoring[J]. Computers Environment and Urban Systems,1994,18(1):1-18.

[23]吴立新,龚健雅,徐磊,等. 关于空间数据与空间数据模型的思考——中国 GIS 协会理论与 方法研讨会(北京,2004)总结与分析[J]. 地理信息世界,2005,3(2):41-46.

[24]Peuquet D,Qian L. An integrated database design for temporal GIS[D]. GeoVISTA Center-Pennsylvania State University,1996.

[25] Langran G,Chrisman N. A framework for temporal geographic information [J]. Cartographica the International Journal for Geographic Information and Geovisualization, 1988,25(3): 1-14.

[26]Armenakis C. Estimation and organization of spatio-temporal data[C]. Proceedings of the Canadian Conference on GIS,1992.

[27] Frank A,Grumbach S,Güting R H,et al. Chorochronos：a research network for spatiotemporal database systems[J]. Acm Sigmod Record,1999,28(3):12-21.

[28]龚健雅,夏宗国. 矢量与栅格集成的三维数据模型[J]. 武汉大学学报(信息科学版),1997, 22(1):7-15.

[29]李德仁,李清泉. 一种三维 GIS 混合数据结构研究[J]. 测绘学报,1997(2):128-133.

[30]Molenaar M. A topology for 3D vector maps[J]. Itc Journal,1992:25-34.

[31] Mulzer W. Triangulating the square and squaring the triangle：quadtrees and Delaunay triangulations are equivalent[C]//Acm-Siam Symposium on Discrete Algorithms. Society for Industrial and Applied Mathematics,2011,27(2):1759-1777.

[32]Tsai V J D. Delaunay triangulations in TIN creation：an overview and a linear-time algorithm [J]. International Journal of Geographical Information Systems,1993,7(6):501-524.

[33] Pilouk M,Tempfl K,Molenaar K. A tetrahedron-based 3D vector data model for geoinformation[D]. Publication on Geodesy,1994.

[34]Gold C M. Spatial adjacency-a general approach[J]. In：Proceedings,Auto-Carto 9,1989.

[35]陈常松. 地理信息分类体系在 GIS 语义数据模型设计中的作用[J]. 测绘通报,1998(8): 17-20.

[36]白玲,王家耀. 基于 GIS 的地理网络模型研究[J]. 信息工程大学学报,2000,1(4):96-98.

[37]张青年. 线状要素的动态分段与制图综合[J]. 中山大学学报(自然科学版),2004,43(2): 104-107.

[38]沈婕,闾国年. 动态分段技术及其在地理信息系统中的应用[J]. 南京师大学报(自然科学版),2002,25(4):105-109.

[39]Dueker K J. Dynamic segmentation revisited：a milepoint linear data model [C]. Proceedings

of the 1992 Geographic Information Systems for Transportation (GIS-T) Symposium,1992.

［40］Scarponcini P. Generalized model for linear referencing in transportation ［J］. Geoinformatica,2002,6(1):35-55.

［41］程昌秀,周成虎,陆锋. ArcInfo 8 中面向对象空间数据模型的应用[J]. 地球信息科学, 2002,4(1):86-90.

［42］Brennan P. Linear referencing in ArcGIS[M]. USA:Esri Press,2002.

［43］伏玉琛. 配电 AM/FM/GIS 空间数据模型及其实现的研究[D]. 武汉:武汉大学,2003.

［44］伏玉琛,周洞汝. 地理信息系统(GIS)技术及其在配电管理中的应用[M]. 武汉:武汉水利 电力大学出版社,2000.

［45］刘健,吴媛,刘巩权. 配电馈线地理图到电气接线图的转换[J]. 电力系统自动化,2005,29 (14):73-77.

［46］刘理峰,孙才新,周湶,等. 基于地理信息系统构建电气设备在线状态信息系统的方法[J]. 电网技术,2001,25(4):27-31.

［47］徐纪法. 城市中低压配电网及其发展理念[J]. 中国电力,2001,34(12):40-42.

［48］陶陶,间国年,张书亮. GIS 技术支持下的给水管网模型与网络分析[J]. 给水排水,2005, 31(2):104-107.

［49］姜永发,张海涛,曾巧玲,等. ComGIS 技术开发排水管网信息系统[J]. 中国给水排水, 2004,20(2):12-15.

［50］姜永发,张书亮,曾巧玲,等. 城市排水管网 GIS 空间数据模型研究[J]. 自然科学进展, 2005,15(4):465-471.

［51］梁洁,梁虹,刘建,等. 基于 GIS 的排水管网数据有效性规则设计与实现[J]. 计算机工程与 应用,2005,41(7):218-220.

［52］赵冬泉,贾海峰,程声通. 基于 MapObjects 的排水管道流向表达与编辑[J]. 测绘通报, 2004(8):36-37.

［53］王盼成. 嵌入空间数据库的地图服务及 Web 地图服务集群技术研究[D]. 北京:中国科学 院遥感应用研究所,2004.

［54］宋关福,钟耳顺,刘纪远,等. 多源空间数据无缝集成研究[J]. 地理科学进展,2000,19(2): 110-115.

［55］王卉. 一种解决 GIS 多源数据无缝集成的方法[J]. 测绘工程,2003,12(2):11-13.

［56］齐清文,裴新富. 多源信息的集成与融合及其在遥感制图中的优化利用[J]. 地理科学进 展,2001,20(1):36-43.

［57］Hofmann C,Weindorf M,Wiesel J. Integration of GIS as a component in federated information systems[D]. International Archives of Photogrammetry and Remote Sensing,2000.

［58］龚健雅,贾文珏,陈玉敏,等. 从平台 GIS 到跨平台互操作 GIS 的发展[J]. 武汉大学学报 (信息科学版),2004,29(11):985-989.

［59］胡金星,潘懋,宋扬,等. 空间数据库实现及其集成技术研究[J]. 计算机应用研究,2003,20 (3):12-14.

［60］李超岭,张克信. 基于 GIS 技术的区域性多源地学空间信息集成若干问题探讨[J]. 地球科

学,2001,26(5):545-550.

[61]李军,费川云. 地球空间数据集成研究概况[J]. 地理科学进展,2000,19(3):203-211.

[62]廖湖声,王晋强,郑玉明,等. 多数据源空间数据库引擎的研究与实现[J]. 计算机应用研究,2004,21(2):138-140.

[63]Gogu R C,Carabin G,Hallet V. GIS-based hydrogeological databases and groundwater modeling[J]. Hydrogeology Journal,2001,9(6):555-569.

[64]马照亭,潘懋,林晨,等. 多源空间数据的共享与集成模式研究[J]. 计算机工程与应用,2002,38(24):31-34.

[65]方裕,周成虎,景贵飞,等. 第四代 GIS 软件研究[J]. 中国图象图形学报,2001,6(9):817-823.

[66]牟乃夏. 基于 GIS 多系统集成的燃气实时调度管理系统[J]. 工程勘察,2005(4):60-63.

[67]龚健雅. GIS 中矢量栅格一体化数据结构的研究[J]. 测绘学报,1992(4):259-266.

[68]成红琼,朱建,杨祝,等. GIS 与 SCADA 一体化系统实践[J]. 电力自动化设备,2002,22(11):56-57.

[69]张书亮,闾国年,龚敏霞. 基于"知识与规则"的 AM/FM/GIS 研究[J]. 中国图象图形学报,2001,6(9):895-899.